海洋资源开发系列丛书

国家重点研发计划 国家自然科学基金

中华人民共和国工业和信息化部高技术船舶科研项目研究成果

深海浮式平台系泊失效和动力控制研究

张宝雷 成司元 孙冰 余杨 段庆昊 著

图书在版编目（CIP）数据

深海浮式平台系泊失效和动力控制研究 / 张宝雷等著. -- 天津 : 天津大学出版社, 2024. 8. -- (海洋资源开发系列丛书). -- ISBN 978-7-5618-7813-2

Ⅰ. TE951

中国国家版本馆CIP数据核字第20246WN875号

出版发行 天津大学出版社
地　　址 天津市卫津路92号天津大学内（邮编：300072）
电　　话 发行部：022-27403647
网　　址 www.tjupress.com.cn
印　　刷 北京盛通数码印刷有限公司
经　　销 全国各地新华书店
开　　本 787mm×1092mm　1/16
印　　张 9.75
字　　数 234千
版　　次 2024年8月第1版
印　　次 2024年8月第1次
定　　价 59.00元

前　言

随着我国陆地和浅海油气开发增量逐渐减少，未来主要增量将来自深海。深海资源开发已经成为我国经济发展的主战场，海洋工程装备研发是深海资源开发的关键。我国南海有16万亿 m^3 天然气储量及300亿t石油储量。南海具有台风、内波、高盐腐蚀、海底滑坡等特点，容易出现极端海况，导致海洋油气生产系统破坏停产，甚至造成严重的环境污染。近年来，防灾减灾在国家重大工程中受到高度重视，其中《国家中长期科学和技术发展规划纲要（2006—2020年）》，将国家防灾减灾作为重要的目标进行落实。为保证国家深海能源开发安全与战略需求，有必要对海洋油气平台的安全作业及灾害防控进行深入研究。

随着全球气候变暖，极端环境频频出现，如我国规范要求防15级台风，但南海已经出现17、18级台风。台风等极端环境工况会导致平台运动幅值超过设计极限，数据表明：近年来，全球涉及系泊系统安全性的事故已发生超过20起，可见现有海洋结构设计方法尚无法保证极端工况下的平台安全，其结构系统设计方法和性能评估有待进一步完善。因此，需要对浮式平台可能的损坏进行全面的动力性能分析，为保证平台工作寿命提供依据。本书对系泊系统发生故障后的浮式平台动力响应特性展开研究，并据此提出平台动力性能恢复措施，具有重要理论意义和实用价值。

本书由张宝雷作整体规划及技术把关，成司元、余杨、余建星等统筹定稿；另外，崔宇朋、田韩续、张鹏辉、郝帅、姚云鹏等也参与了本书的编写与校对工作。本书在编写过程中，参阅了国内外学者关于工程风险评估与控制方面的大量著作；在出版过程中，得到了天津大学出版社的大力支持。在此对上述同志们的努力奉献和专家学者们的贡献表示衷心感谢！

由于时间仓促，书中难免存在疏漏之处，敬请各位专家、读者惠予指正。

目　　录

第 1 章　深海浮式平台发展现状

海洋油气勘探开发通常按水深区分：500 m 以内为常规水深，500~1 500 m 为深水，超过 1 500 m 为超深水。由于大量油气资源在更深水域中被发现，因此国际上海洋油气资源的开发已从近海向深海发展。深海海洋平台是在深海海域实施海底油气勘探和开采的一种海洋工程结构物，传统的海洋平台多为固定式，自重和造价随水深的增加而幅度升高，其工作水深一般不超过 500 m，不能适应深海环境。在深海石油的勘探和开采中，主要使用移动式和顺应式平台。深海海洋平台的类型主要有张力腿平台（Tension Leg Platform，TLP）、半潜式平台以及浮式生产储油装置（Floating Production Storage and Offloading，FPSO）平台，它们都是浮式平台，没有连接平台与海底的桁架结构，仅依靠自身的浮力来支撑其上部重量，并使用系泊系统以及螺旋桨的动力来对平台进行定位。

1.1　张力腿平台

1.1.1　张力腿平台的主要结构形式和特点

张力腿平台（图 1-1）是在平台本体上设置的多组有预张力的绷紧的钢质缆索即张力腿系统将其固定于海底锚固基础上，从而保证平台本体与海底井口的相对位置在允许的工作范围内。从结构上一般可将其划分为 5 个部分，即平台上体、立柱、浮箱、张力腿、锚固基础。TLP 结构上的特点使其与同类平台如半潜式相比较，具有波浪中运动性能好、抗恶劣环境能力强等优点；与固定式平台相比，除了造价低以外，其抗震能力显著优于前者，且便于移位，可以重复利用，大大提高了其通用性和经济性。

图 1-1　张力腿平台

1. 平台上体

平台上体是指 TLP 底甲板以上的部分,设有生产、生活设备和设施。平台上体的形状主要有三角形、四边形、五边形。实践证明,三角形上体安全性较差,五边形上体施工建造过于复杂,因而目前投入使用的 TLP 上体均为四边形上体。

2. 立柱

平台立柱多采用较大直径的柱体,一般在十几米左右,为其提供部分浮力并保证平台足够稳性。立柱的数量取决于平台上体的形状。

3. 浮箱

平台下体主要由浮箱组成,按浮箱的形式可以分为整体式、组合式、沉垫式三大类。平台下体的作用是为平台提供大部分浮力,剩余浮力为张力腿系统提供预张力。平台下体与立柱一起保证平台的稳性、浮态。

4. 张力腿

张力腿系统由多组绷紧的钢质缆索组成,其组数亦与平台上体的形状有关,每组缆索又由若干根钢索(或钢筋束)构成;下端直接固定在锚固基础上,其内产生的张力与平台的剩余浮力相平衡。系泊方式主要为倾斜系泊和垂直系泊两种。由于垂直系泊方式施工方便,因此合理选择平台船型和设置合理的张力腿预张力、刚度,就可以将平台的运动控制在允许的范围内,故目前投入使用的 TLP 均采用了垂直系泊方式。张力腿系统不仅控制着平台与井口的相对位置,还对其安全性起着决定性作用。

5. 锚固基础

由于石油开发作业的要求,锚固基础必须保证定位精确,站得稳,立得住,因此锚固基础是张力腿平台的一个重要组成部分,起到了固定平台、精确定位的作用。锚固基础主要分为重力式和吸力式两种。近年来重力式基础已经取得了重大突破,其在地震荷载作用下的滑移已得到有效控制,但对不同海底状况的适应性需要进行进一步研究。由于吸力式锚固基础对海底土层状况适应性较好,因而近年来在 TLP 建设中得到了重视和应用。

1.1.2 张力腿平台的总体性能

张力腿平台就像一个倒置的钟摆,是一个刚性系统和一个弹性系统综合起来的复杂动力系统,其受力和运动响应的研究相对复杂。对张力腿平台进行动力分析时,一般将其分为平台本体、张力腿系统两部分分别加以研究。但是两者之间的耦合作用是不能忽略的。考虑在波浪、海流、风荷载作用下,平台本体作为一个在无限流体介质中运动的物体,应当具有 6 个自由度。一般根据控制因素的不同将其自由度分为两类:一类是受张力腿系统(动)张力控制的小固有周期的垂荡、纵摇、横摇,其固有周期在 2~4 s,称为硬自由度;另一类是固有周期多在 1~2 min 的大固有周期运动模态,包括纵荡、横荡、摇首,它们主要由平台本体浮力变化来控制,称为软自由度。TLP 其 6 个自由度运动的固有周期都远离常见的海洋波频带,这样就避免了调和共振的发生,从而使其运动响应得到有效的控制,这是 TLP 平台的一个显著特点。试验结果和理论分析都证明了在满足工程精度的基础上, TLP 在强系泊力作用下只需考虑纵荡、横荡、垂荡等直线运动，而横摇、纵摇、摇首等转动运动响应 / 幅度相对来说很小。TLP 的直线运动对张力腿内预张力的大小发出了挑战，加大预张力会减小平台本体运动，但预张力还与系泊缆索的材料、直径、强度、质量分布以及组（根）数密切相关，必须综合权衡考虑，选取最优方案，而且平台本体运动和张力腿本身的运动都会在系泊钢缆中产生动张力作用，亦需加以考虑。

随着 TLP 投入使用和理论研究的进一步深入，发现 TLP 在环境荷载作用下的运动响应十分复杂，在某些频段上呈现出非线性，必须用非线性动力分析理论加以研究。如在不规则波中，波浪不同频率成分的差频分量会引起危及平台安全的长周期慢漂运动，其和频分量会导致平台“弹振”现象的发生，而且相应的张力腿系统自身的非线性振动响应和动张力非线性变化亦十分复杂。

1.2　半潜式平台

1.2.1　半潜式平台的结构形式

半潜式平台自 20 世纪 60 年代初诞生以来，得到了较大的发展和应用。1962 年，经过对坐底式钻井平台“蓝水 1 号（Blue Water No.1）”的改装，诞生了世界上第一座半潜式钻井平台，并于当年在墨西哥湾投入使用。从第一座半潜式平台的诞生到现在，已经发展到了第六代。半潜式钻井平台的结构主要包括下浮体、上层平台和连接下浮体与上层平台的立柱。下浮体沉没于水面之下较深处，以减小波浪力的作用，上层平台高出水面一定高度，以避免波浪的冲击。上层平台与下浮体之间使用立柱来连接，立柱的数量一般为 4~8 个，截面积较小。这样使平台具有小水线面、较大固有周期的特点，在波浪中的运动响应就会大为减小，具有出色的深海钻井性能。半潜式平台的 6 个自由度都为顺应式，运动的周期较大，大于波浪常见的周期。一般情况下，垂荡周期为 20~50 s，横摇和纵摇周期为 30~60 s，纵荡、横荡以及首摇的周期都大于 100 s。

半潜式平台在深水区域作业需要依靠定位设备、深水锚泊系统，并需要大量链条，且需要靠供应船运载。半潜式平台由于下体都浸没在水中，其横摇与纵摇的幅值都很小，有较大影响的是垂荡运动。由于半潜式平台在波浪上的运动响应较小，因此在海洋工程中，不仅可用于钻井，其他如生产平台、铺管船、供应船和海上起重船等也都可以采用，这亦是它优于 FPSO 的主要方面。同时，能应用于多井口海底井和较大范围内卫星井的采油是它的另一个优点。半潜式平台作为生产平台使用时，可使开发者于钻探出石油之后即可迅速转入采油，特别适用于深水下储量较小的石油储层。随着海洋开发逐渐由浅水向深水发展，它的应用将会日渐增多，诸如建立离岸较远的海上工厂、海上电站等，这对防止内陆和沿海的环境污染将有很大好处。

1.2.2 半潜式平台的特点

1. 适应更恶劣海域

半潜式平台仅少数立柱暴露在波浪环境中，抗风暴能力强，稳性等安全性能良好。大部分深海半潜式平台能生存于百年一遇的海况条件下，适应风速达 100~120 kn(1 kn=1.852 km/h)，波高达 16~32 m，流速达 2~4 km。半潜式平台在波浪中的运动响应较小，钻井作业稳定性好，在作业海况下其运动幅值可为升沉 ±1 m，摇摆 ±2°，漂移为水深的 1/20。一座深海半潜式钻井平台在生存海洋环境下的运动响应较大，最大水平位移达到了工作水深的 18%，垂荡运动超过 ±10 m，横摇和纵摇运动超过 ±7°。

2. 外形结构简化，采用高强度钢

半潜式平台(图 1-2)外形结构趋于简化，立柱和撑杆节点的形式简化、数目减少。立柱从早期的 8 立柱、6 立柱、5 立柱等发展为 6 立柱、4 立柱。立柱的形状现多为圆立柱或者圆角方立柱。斜撑数量从 14~20 根大幅降低，以至减为 2~4 根横撑，并最终取消各种形式的撑杆和节点。立柱数量适当减少并增大立柱截面积，以提高稳性。撑杆、K 形和 X 形等节点的减少以至取消，降低了焊接、建造工艺难度，减少了疲劳破坏，提高了平台寿命。口形浮体的出现提高了平台强度，增大了平台装载量，但导致航行阻力增大，故一般置于大型驳船上拖航移位。

图 1-2 半潜式平台

3. 多功能化，系列化

深海半潜式平台的造价较高，因此如何最大程度利用平台在实际运营中受到关注。许多平台具有钻井、修井、采油、生产处理等多重功能。配有双井系统的平台，可同时进行钻修井作业，钻井平台上增加油、气、水生产处理装置及相应的立管系统、动力系统、辅助生产系统、生产控制中心等，即成为生产平台。平台利用率的提高降低了深海油气勘探开发的成本。

4. 装备先进化

深海半潜式平台装备了新一代钻井设备、动力定位设备和电力设备，监测报警、救生消防、通信联络等设备及辅助设施和居住条件也在增强与改善，平台钻井作业的自动化、效率、安全性和舒适性等都有显著提高。深海半潜平台配备大功率的主动力系统和高精度的动力定位系统(Dynamic Positioning System，DPS),动力定位采用先进的局部声呐定位系统和差分全球定位系统(Differential Global Position System,DGPS)等。

1.3 浮式生产储油装置

1.3.1 浮式生产储油装置的结构形式

浮式生产储油装置(图 1-3)不同于一般意义上的油船,它集生产、储油及外输多种功能于一身,俨然是海上大型石油加工厂。它一般通过单点系泊或多点系泊长期固定在海上油田上,与水下采油装置和穿梭油船组成一套完整的生产系统,是海上油田开发的重要工程设备,特别适用于早期生产和边际油田的开发。FPSO 貌似油轮,但与油轮有很大的区别,从结构上分为海底系统、海面和海底连接系统、海面生产储油装置、生产装置 4 个基本部分,各部分间接口复杂,是一项由多方合作完成的海上油田关键工程。与常规油船不同，FPSO 通常无动力,通过艏部的系泊装置长期泊于生产区域。FPSO 可绕系泊点做水平平面内的 360° 旋转,从而使其在风标效应的作用下处于最小受力状态。与其他形式的石油生产平台相比，FPSO 具有储油量大、建造周期短、安装费用低、移动灵活、性价比高的特点且几乎适用于所有水深,油田枯竭后还可再用,退役成本低。

图 1-3　浮式生产储油装置

1. 系泊系统

系泊系统是 FPSO 的重要组成部分,主要用于将 FPSO 系泊于作业油田。FPSO 在海域作业时系泊系统多采用一个或多个锚点、一根或多根立管、一个浮式或固定式浮筒、一座转塔或骨架。FPSO 的系泊方式有两种:一种是永久系泊,使船永久系泊于油田;另一种是可解脱式系泊,船上装有可解脱式转塔系泊系统,可在飓风来临前解脱,在飓风过后重新连接。

2. 船体部分

船体部分既可以按特定要求新建,也可以由油轮或驳船改装而成。

3. 生产设备

生产设备主要包括采油设备和储油设备,以及油、气、水分离设备等。

4. 卸载系统

卸载系统包括卷缆绞车、软管卷车等,用于连接和固定穿梭油轮,并将 FPSO 储存的原油卸入穿梭油轮。其作业原理是通过海底输油管线把从海底开采出的原油传输到 FPSO 的船上进行处理,然后将处理后的原油储存在货油舱内,最后通过卸载系统卸入穿梭油轮。

1.3.2 浮式生产储油装温的特点

(1)FPSO 生产系统投产快,若采用油船改装生产,经济优势更为显著。

(2)FPSO 甲板面积宽阔,承重能力与抗风浪环境能力强,便于生产设备的布置。

(3)FPSO 储油能力大,船上的原油可定期、安全、快速地通过卸载系统卸入穿梭油轮中运输到岸上,穿梭油轮不仅可与 FPSO 串联,也可傍靠 FPSO 系泊。最新建造的 FPSO 还具备了海上天然气分离压缩罐装能力,提高了油田作业的经济性。

(4)FPSO 应用灵活,移动方便,其海上自航能力是其他海洋平台系统所不具备的。因此,FPSO 可根据作业需要和实际情况迅速转换工作海域和回厂检修。

第 2 章　深海浮式平台分析理论

2.1　坐标系与坐标转换

为分析浮体的运动规律，通常需要建立两个坐标系（图 2-1），即固定坐标系（$OXYZ$）和局部结构坐标系（$GXYZ$）。固定坐标系（Fixed Reference Axes，FRA）的原点在流体平均自由表面，Z 轴垂直向上。局部结构坐标系（Local Structure Axes，LSA）的原点在结构的重心，且最初平行于固定坐标系。

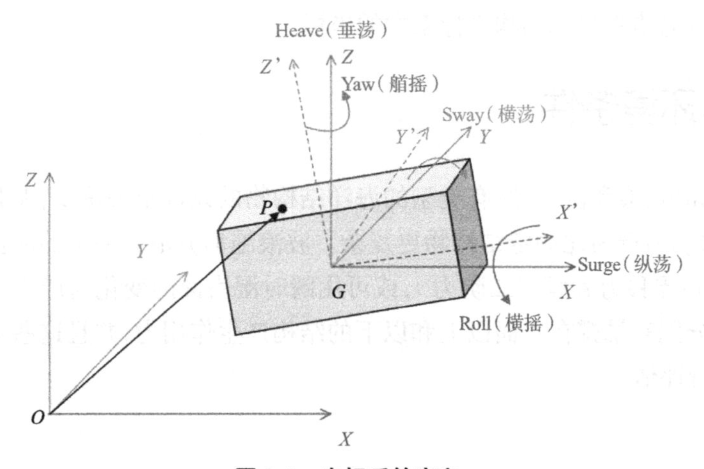

图 2-1　坐标系的定义

采用耐波性符号来定义浮体重心的平移运动和绕 $GXYZ$ 坐标系 3 个轴的旋转运动，如图 2-1 所示。当浮体只绕 X 轴旋转 θ_1 时，转换矩阵

$$\boldsymbol{E}_X = \begin{pmatrix} 1 & 0 & 0 \\ 0 & \cos\theta_1 & -\sin\theta_1 \\ 0 & \sin\theta_1 & \cos\theta_1 \end{pmatrix} \tag{2-1}$$

当浮体只绕 Y 轴旋转 θ_2 时，转换矩阵

$$\boldsymbol{E}_Y = \begin{pmatrix} \cos\theta_2 & 0 & \sin\theta_2 \\ 0 & 1 & 0 \\ -\sin\theta_2 & 0 & \cos\theta_2 \end{pmatrix} \tag{2-2}$$

当浮体只绕 Z 轴旋转 θ_3 时，转换矩阵

$$\boldsymbol{E}_Z = \begin{pmatrix} \cos\theta_3 & -\sin\theta_3 & 0 \\ \sin\theta_3 & \cos\theta_3 & 0 \\ 0 & 0 & 1 \end{pmatrix} \tag{2-3}$$

欧拉旋转矩阵被定义为3个旋转矩阵的乘积，按照首先围绕 $GXYZ$ 的 X 轴旋转，然后围绕 Y 轴旋转，最后围绕 $GXYZ$ 的 Z 轴旋转的顺序，表示为

$$\boldsymbol{E}=\boldsymbol{E}_Z\boldsymbol{E}_Y\boldsymbol{E}_X=\begin{pmatrix}\cos\theta_2\cos\theta_3 & \sin\theta_1\sin\theta_2\cos\theta_3-\cos\theta_1\sin\theta_3 & \cos\theta_1\sin\theta_2\cos\theta_3+\sin\theta_1\sin\theta_3\\ \cos\theta_2\sin\theta_3 & \sin\theta_1\sin\theta_2\sin\theta_3+\cos\theta_1\cos\theta_3 & \cos\theta_1\sin\theta_2\sin\theta_3-\sin\theta_1\cos\theta_3\\ -\sin\theta_2 & \sin\theta_1\cos\theta_2 & \cos\theta_1\cos\theta_2\end{pmatrix} \tag{2-4}$$

利用欧拉旋转矩阵，浮体上任意点的位置在固定坐标系中可表示为

$$\begin{pmatrix}X\\Y\\Z\end{pmatrix}=\begin{pmatrix}X_g\\Y_g\\Z_g\end{pmatrix}+\boldsymbol{E}\begin{pmatrix}x\\y\\z\end{pmatrix} \tag{2-5}$$

其中，$(X,Y,Z)^{\mathrm{T}}$ 为任意点在固定坐标系中的坐标；$(X_g,Y_g,Z_g)^{\mathrm{T}}$ 为重心在固定坐标系中的坐标；$(x,y,z)^{\mathrm{T}}$ 为任意点在局部结构坐标系中的坐标。

2.2 海洋环境条件

海洋环境如风、浪和流，对所有类型的海洋结构物的设计至关重要，尤其是对于海上浮式结构物，其水动力行为比固定结构物更复杂。波浪施加波浪频率下的激振力和非线性波浪力（例如，低频漂移力和频率二阶力），或可用瞬时湿表面的变化而产生的非线性波浪力替代。风和流分别对暴露在水面以上和以下的结构产生作用力，并且这些力通常通过非线性拖曳力项进行评估。

2.2.1 海浪

海浪是由不同频率和方向的波浪组成的。来自不同方向的波浪相互作用，导致波浪条件非常难以进行数学建模。文献中介绍了海浪的各种简化理论和波谱模型，如小振幅线性艾里（Airy）波、高阶 Stokes 波和用波谱表示的不规则波。

2.2.1.1 规则波

1. 线性规则波

线性规则波（Airy 波）被认为是最简单的海浪，它是建立在均匀、不可压缩、无黏、无旋的假设基础上的。此外，假设波幅与波长和水深相比很小，因此使用线性自由表面条件。

在固定坐标系中，位置 X 和 Y 处的水面高程 ζ 可以以复数形式表示为

$$\zeta=a_{\mathrm{w}}\mathrm{e}^{\mathrm{i}[-\omega t+k(X\cos\chi+Y\sin\chi)+\alpha]} \tag{2-6}$$

其中，a_{w} 为波的振幅；ω 为波的频率，rad/s；k 为波数；χ 为波的传播方向；α 为波的相位。

假设流体理想无旋，可采用速度势表示其流动。速度势在整个流域上满足拉普拉斯方程、线性自由表面条件和水平不可渗透底部条件。

在有限深度的水中，$\boldsymbol{X}=(X,Y,Z)$ 位置处的速度势为

$$\Phi_{\mathrm{I}}=\varphi_{\mathrm{I}}(\boldsymbol{X})\mathrm{e}^{-\mathrm{i}\omega t}$$
$$=-\frac{\mathrm{i}ga_{\mathrm{w}}\cosh[k(Z+d)]}{\omega\cosh(kd)}\mathrm{e}^{\mathrm{i}[-\omega t+k(X\cos\chi+Y\sin\chi+\alpha)]} \tag{2-7}$$

其中，d 为水深；g 为重力加速度；φ_{I} 为不含时间变量的速度势。

采用线性自由表面条件，波的频率 ω 和波数 k 之间的关系（线性色散关系）可由下式表示：

$$v=\frac{\omega^2}{g}=k\tanh(kd) \tag{2-8}$$

其中，v 为波速。

波长 λ 和周期 T 分别表示为

$$\lambda=\frac{2\pi}{k} \tag{2-9}$$

$$T=\frac{2\pi}{\omega} \tag{2-10}$$

使用伯努利方程并且仅考虑线性项，流体压力

$$p(\boldsymbol{X},t)=-\frac{\rho ga_{\mathrm{w}}\cosh[k(Z+d)]}{\cosh(kd)}\mathrm{e}^{\mathrm{i}[-\omega t+k(X\cos\chi+Y\sin\chi)+\alpha]}-\rho gZ \tag{2-11}$$

其中，ρ 为水的密度。

波浪速度

$$C=\frac{\lambda}{T}=\frac{gT}{2\pi}\tanh\left(\frac{2\pi d}{\lambda}\right) \tag{2-12}$$

取速度势的偏导数，流体质点速度

$$\boldsymbol{v}=(u,v,w)$$
$$=\frac{a_{\mathrm{w}}\omega\cosh[k(Z+d)]}{\sinh(kd)}\mathrm{e}^{\mathrm{i}[-\omega t+k(X\cos\chi+Y\sin\chi)+\alpha]}(\cos\chi,\sin\chi,-\mathrm{i}\tanh[k(Z+d)]) \tag{2-13}$$

当波峰处的质点速度等于波速时，波浪变得不稳定并开始破碎。任何水深下的波浪破碎极限条件由下式给出：

$$\left(\frac{2a_{\mathrm{w}}}{\lambda}\right)_{\max}=\frac{1}{7}\tanh(kd) \tag{2-14}$$

在无限深的水中（$d\to\infty$），波的高程与式（2-6）的形式相同，速度势可进一步简化为

$$\Phi_{\mathrm{I}}=\varphi_{\mathrm{I}}(\boldsymbol{X})\mathrm{e}^{-\mathrm{i}\omega t}=-\frac{\mathrm{i}ga_{\mathrm{w}}}{\omega}\mathrm{e}^{\mathrm{i}[-\omega t+k(X\cos\chi+Y\sin\chi+\alpha)]+kZ} \tag{2-15}$$

线性色散关系可表示为

$$\omega^2=gk \tag{2-16}$$

流体压力

$$p(\boldsymbol{X},t)=-\rho ga_{\mathrm{w}}\mathrm{e}^{\mathrm{i}[-\omega t+k(X\cos\chi+Y\sin\chi)+\alpha]+kZ}-\rho gZ \tag{2-17}$$

波浪速度 C 和流体质点速度 $\boldsymbol{v}$ 可分别表示为

$$C=\frac{gT}{2\pi} \tag{2-18}$$

$$\boldsymbol{v}=a_{\mathrm{w}}\omega\mathrm{e}^{\mathrm{i}[-\omega t+k(X\cos\chi+Y\sin\chi)+\alpha]+kZ}(\cos\chi,\sin\chi,-\mathrm{i}) \tag{2-19}$$

2. 二阶斯托克斯波

在某些非线性很重要的情况下，应用高级波浪理论是必要的。当估算瞬时湿表面上的非线性弗劳得·克利洛夫（Froude-Krylov，F-K）力时，将二阶斯托克斯（Stokes）波理论应用于中、重度规则波上。

选择波振幅与波长之比作为小参数 ε，速度势 $\varPhi$ 和波面高程 ζ 的泰勒展开式可写为

$$\varPhi=\varPhi^{(0)}+\varPhi^{(1)}+\varPhi^{(2)}+O(\varepsilon^3) \tag{2-20}$$

$$\zeta=\zeta^{(1)}+\zeta^{(2)}+\zeta^{(3)}+O(\varepsilon^3) \tag{2-21}$$

对于有限深度的水，二阶 Stokes 波的表达式为

$$\begin{aligned}\varPhi(\boldsymbol{X},t)&=\varPhi^{(1)}(\boldsymbol{X},t)+\varPhi^{(2)}(\boldsymbol{X},t)\\&=-\frac{\mathrm{i}ga_{\mathrm{w}}}{\omega}\frac{\cosh[k(Z+d)]}{\cosh(kd)}\mathrm{e}^{\mathrm{i}(-\omega t+kX'+\alpha)}-\mathrm{i}\frac{3}{8}\omega a_{\mathrm{w}}^2\frac{\cosh[2k(Z+d)]}{\sinh^4(kd)}\mathrm{e}^{\mathrm{i}(-2\omega t+2kX'+2\alpha)}\end{aligned} \tag{2-22}$$

$$\begin{aligned}\zeta(X,Y;t)&=\zeta^{(1)}(X,Y;t)+\zeta^{(2)}(X,Y;t)\\&=a_{\mathrm{w}}\mathrm{e}^{\mathrm{i}(-\omega t+kX'+\alpha)}+\frac{1}{4}ka_{\mathrm{w}}^2\frac{\cosh(kd)}{\sinh^3(kd)}\left[2+\cosh(2kd)\right]\mathrm{e}^{\mathrm{i}(-2\omega t+2kX'+2\alpha)}\end{aligned} \tag{2-23}$$

其中，$\boldsymbol{X}'=X\cos\chi+Y\sin\chi$。

在二阶 Stokes 波中，当考虑到负常数时，速度势 $\varPhi(\boldsymbol{X},t)$ 和波高 $\zeta(X,Y;t)$ 记为

$$\begin{aligned}\varPhi(\boldsymbol{X},t)&=\varPhi^{(1)}(\boldsymbol{X},t)+\varPhi^{(2)}(\boldsymbol{X},t)\\&=-\frac{\mathrm{i}ga_{\mathrm{w}}}{\omega}\frac{\cosh[k(Z+d)]}{\cosh(kd)}\mathrm{e}^{\mathrm{i}(-\omega t+kX'+\alpha)}-\\&\quad\ \mathrm{i}\frac{3}{8}\omega a_{\mathrm{w}}^2\frac{\cosh[2k(Z+d)]}{\sinh^4(kd)}\mathrm{e}^{\mathrm{i}(-2\omega t+2kX'+2\alpha)}-Cgt\end{aligned} \tag{2-24}$$

$$\begin{aligned}\zeta(X,Y;t)&=\zeta^{(1)}(X,Y;t)+\zeta^{(2)}(X,Y;t)\\&=a_{\mathrm{w}}\mathrm{e}^{\mathrm{i}(-\omega t+kX'+\alpha)}+\frac{1}{4}ka_{\mathrm{w}}^2\frac{\cosh(kd)}{\sinh^3(kd)}[2+\cosh(2kd)]\ \mathrm{e}^{\mathrm{i}(-2\omega t+2kX'+2\alpha)}+(D+C)\end{aligned} \tag{2-25}$$

其中，

$$D=-\frac{ka_{\mathrm{w}}^2}{2\sinh(2kd)} \tag{2-26}$$

$$C=-\frac{ka_{\mathrm{w}}^2}{4}\frac{4S+1-\tanh^2(kd)}{4S^2KD-\tanh(kd)} \tag{2-27}$$

$$S=\frac{\sinh(2kd)}{2kd+\sinh(2kd)} \tag{2-28}$$

上述新项是负常数，称为 set-down，表示规则 Stokes 波中的平均水平。

在坐标（X,Y,Z）处流体质点的速度

$$\begin{aligned}\boldsymbol{v}(\boldsymbol{X},t)&=\boldsymbol{v}^{(1)}(\boldsymbol{X},t)+\boldsymbol{v}^{(2)}(\boldsymbol{X},t)\\&=k\varPhi^{(1)}(\boldsymbol{X},t)(\mathrm{i}\cos\chi,\mathrm{i}\sin\chi,\tanh[k(Z+d)])-\end{aligned}$$

$$2k\Phi^{(2)}(\boldsymbol{X},t)(\mathrm{i}\cos\chi,\mathrm{i}\sin\chi,\tanh[2k(Z+d)]) \tag{2-29}$$

达到二阶的流体压力

$$\begin{aligned}p&=-\rho\frac{\partial\Phi(\boldsymbol{X},t)}{\partial t}-\frac{1}{2}\rho\{\mathrm{Re}(\boldsymbol{v})\cdot\mathrm{Re}(\boldsymbol{v})+\mathrm{i}\,\mathrm{Im}(\boldsymbol{v})\cdot\mathrm{Im}(\boldsymbol{v})\}-\rho gZ\\&=-\rho\frac{\partial\Phi^{(1)}(\boldsymbol{X},t)}{\partial t}-\rho\frac{\partial\Phi^{(2)}(\boldsymbol{X},t)}{\partial t}-\rho gZ-\\&\quad\frac{1}{2}\rho\{\mathrm{Re}(\boldsymbol{v}^{(1)})\cdot\mathrm{Re}(\boldsymbol{v}^{(1)})+\mathrm{i}\,\mathrm{Im}(\boldsymbol{v}^{(1)})\cdot\mathrm{Im}(\boldsymbol{v}^{(1)})\}+O(\varepsilon^3)\end{aligned} \tag{2-30}$$

与线性 Airy 波相比，二阶 Stokes 波的波峰更高，波谷更浅、更平。

对于深水情况（$d\to\infty$），式（2-24）和式（2-25）中给出的二阶 Stokes 波变成

$$\Phi(\boldsymbol{X},t)=\Phi^{(1)}(\boldsymbol{X},t)+\Phi^{(2)}(\boldsymbol{X},t)=-\frac{\mathrm{i}g\zeta_{\mathrm{a}}}{\omega}\mathrm{e}^{\mathrm{i}(-\omega t+kX'+\alpha)+kZ} \tag{2-31}$$

$$\begin{aligned}\zeta(X,Y;t)&=\zeta^{(1)}(X,Y;t)+\zeta^{(2)}(X,Y;t)\\&=a_{\mathrm{w}}\mathrm{e}^{-\mathrm{i}\omega t+\mathrm{i}kX}+\frac{1}{2}ka_{\mathrm{w}}^2\mathrm{e}^{\mathrm{i}(-2\omega t+2kX'+2\alpha)}\end{aligned} \tag{2-32}$$

注意，在深水中，二阶 Stokes 波的速度势仅由一阶分量组成，没有 set-down 项。

2.2.1.2　不规则波

在实践中，用线性理论将多向海浪（短峰波）表示为大量波分量的总和，例如：

$$\zeta(X,Y,t)=\sum_{m=1}^{N_{\mathrm{d}}}\sum_{j=1}^{N_m}a_{jm}\mathrm{e}^{\mathrm{i}(k_{jm}X\cos\chi_m+k_{jm}Y\sin\chi_m-\omega_{jm}t+\alpha_{jm})} \tag{2-33}$$

其中，N_{d}、N_m 为波向数和沿每个波向 $\chi_m(m=1\sim N_{\mathrm{d}})$ 的波分量数；a_{jm} 为波振幅；ω_{jm} 为波频率；k_{jm} 为波数；α_{jm} 为一个波分量 $jm(j=1\sim N_m)$ 的随机相位角。

工程界使用波浪谱的方式从能量分布的角度来模拟不规则波。从数学上讲，波谱可从零频率扩展到无限频率。然而，对频谱的检查表明，波能经常集中在一个相对狭窄的波段。利用该特性，式（2-33）可以由有限数量的波分量组成，从一个非零的下限频率开始，以一个有限值的上限频率结束。这些起始和结束频率的选择应该确保这个截断的频率范围至少覆盖 99% 的总波能。常用的波浪谱主要有以下几种。

1. 联合北海波浪项目（Joint North Sea Ware Project，JONSWAP）

可以考虑波浪系统中能量流动的不平衡（例如，当海洋尚未充分发展时）。当风速很高时，总是会出现能量不平衡的情况。Houmb 和 Overvik 对 JONSWAP 谱的经典形式进行了参数化。某一频率下的谱纵坐标 $S(\omega)$ 由下式给出：

$$S(\omega)=\frac{\alpha_{\mathrm{s}}g^2\gamma^a}{\omega^5}\exp\left(-\frac{5\omega_{\mathrm{p}}^4}{4\omega^4}\right) \tag{2-34}$$

其中，ω_{p} 为谱峰频率，rad/s；γ 为峰值增强因子；α_{s} 为与风速和谱峰频率有关的常数，以及

$$a=\exp\left[-\frac{(\omega-\omega_{\mathrm{p}})^2}{2\sigma^2\omega_{\mathrm{p}}^2}\right] \tag{2-35}$$

$$\sigma=\begin{cases}0.07 & \omega\leqslant\omega_{\mathrm{p}}\\0.09 & \omega>\omega_{\mathrm{p}}\end{cases} \tag{2-36}$$

因为σ是常数,所以这个谱的积分可以表示为

$$m_0=\int_0^{\infty}S(\omega)\mathrm{d}\omega=\alpha\int_0^{\infty}\frac{g^2\gamma^a}{\omega^5}\exp\left(-\frac{5\omega_{\mathrm{p}}^4}{4\omega^4}\right)\mathrm{d}\omega=\left(\frac{H_{\mathrm{s}}}{4}\right)^2 \tag{2-37}$$

其中,H_{s} 为有义波高。

因此,如果γ、ω_{p}、H_{s}已知,则α可由下式决定:

$$\alpha_{\mathrm{s}}=\left(\frac{H_{\mathrm{s}}}{4}\right)^2\Big/\int_0^{\infty}\frac{g^2\gamma^a}{\omega^5}\exp\left(-\frac{5\omega_{\mathrm{p}}^4}{4\omega^4}\right)\mathrm{d}\omega \tag{2-38}$$

可以定义式(2-34)中使用的 JONSWAP 谱的开始频率和结束频率,默认情况下:
开始频率(rad/s)为

$$\omega_{\mathrm{s}}=\omega_{\mathrm{p}}\left(0.58+0.05\frac{\gamma-1}{19}\right) \tag{2-39}$$

结束频率(rad/s)为

$$\omega_{\mathrm{f}}=\omega_{\mathrm{p}}F(\gamma) \tag{2-40}$$

其中,权重函数值见表 2-1。

表 2-1 权重函数值

γ	$F(\gamma)$	γ	$F(\gamma)$	γ	$F(\gamma)$
1.0	5.110 1	8.0	3.370 0	15.0	2.965 0
2.0	4.450 1	9.0	3.290 0	16.0	2.930 0
3.0	4.100 0	10.0	3.220 0	17.0	2.895 0
4.0	3.870 0	11.0	3.160 0	18.0	2.860 0
5.0	3.700 0	12.0	3.105 0	19.0	2.830 0
6.0	3.570 0	13.0	3.055 0	20.0	2.800 0
7.0	3.460 0	14.0	3.010 0	—	—

2. 皮尔逊·莫斯科维茨(Pierson-Moskowitz)谱

Pierson-Moskowitz 谱由有义波高和平均(平均过零)波周期两个参数组成,其谱纵坐标(rad/s)如下:

$$S(\omega)=4\pi^3\frac{H_{\mathrm{s}}^2}{T_{\mathrm{z}}^4}\frac{1}{\omega^5}\exp\left(-\frac{16\pi^3}{T_{\mathrm{z}}^4}\frac{1}{\omega^4}\right) \tag{2-41}$$

其中,T_{z} 为上跨单均同期。

T_{z}、T_1、T_0存在以下关系:

$$T_0=1.408T_{\mathrm{z}} \tag{2-42}$$

$$T_1=1.086T_{\mathrm{z}} \tag{2-43}$$

默认情况下,Pierson-Moskowitz 谱定义的起始频率 ω_{s} 和结束频率 ω_{f} 如下:

$$\omega_{\mathrm{s}}=0.58\frac{2\pi}{T_{\mathrm{z}}} \tag{2-44}$$

$$\omega_{\mathrm{f}} = 5.110\,1\frac{2\pi}{T_{\mathrm{z}}} \tag{2-45}$$

3. 高斯（Gaussian）谱

标准 Gaussian 谱的谱纵坐标（rad/s）为

$$S(\omega) = \frac{H_{\mathrm{s}}^2}{16\sqrt{2\pi}\sigma}\exp\left[-\frac{(\omega-\omega_{\mathrm{p}})^2}{2\sigma^2}\right] \tag{2-46}$$

其中，σ为标准差（$\sigma \geqslant 0.08\omega_{\mathrm{p}}$）。默认情况下，Gaussian 谱定义的起始频率 ω_{s}（rad/s）和结束频率 ω_{f}（rad/s）如下：

$$\omega_{\mathrm{s}} = \min\{100.0, \max[(\omega_{\mathrm{p}} - 3\sigma), 0.001]\} \tag{2-47}$$

$$\omega_{\mathrm{f}} = \min\{100.0, \max[(\omega_{\mathrm{p}} + 3\sigma), 0.001]\} \tag{2-48}$$

如果 $\omega_{\mathrm{f}} - \omega_{\mathrm{s}} < 0.001$，则可将它们定义为

$$\omega_{\mathrm{s}} = 0.1\ \mathrm{rad/s} \tag{2-49}$$

$$\omega_{\mathrm{f}} = 6.0\ \mathrm{rad/s} \tag{2-50}$$

2.2.2 风

风不仅会产生风浪，而且当上部结构（平均水面以上部分）较大时，风还会直接对海洋结构产生荷载。风有以下 3 个主要特征。

（1）平均风速：在一定时间内（大部分为 1 h），在水面标准高度（通常为 10 m）处的平均风速。

（2）平均风速廓线：平均风速随水面高度变化。

（3）湍流或阵风：关于平均风速的时变风速。

2.2.2.1 均匀的风

采用水面以上 10 m 处的平均风速（包括速度、振幅和方向）。假设风是单向的并且随高度均匀分布，这种均匀风通常用于计算海洋结构的稳态风荷载。

2.2.2.2 风速剖面和波动

对于随时间方向不变的风，风速波动的频率分布可以用风谱来描述。风速廓线是描述平均风速随高度的变化，在高度 Z 处的平均风速

$$\bar{V}_Z = F(\bar{V}_{10}, Z) \tag{2-51}$$

其中，$\bar{V}_{10}$ 为平均水面以上 10 m 处的平均风速。

在某一高度随时间变化的风速表示为

$$V(t,Z) = \bar{V}_Z + v(t,Z) \tag{2-52}$$

其中，$v(t,Z)$ 为关于平均风速的时变风速。

给定风谱模式和参考高度，即可确定平均风速廓线和风速谱。结合风向和风拖曳力系数的信息，可以计算风波动对海洋结构物动荷载的影响。这些动荷载在浮式海洋结构上产生低频运动。在工程界中广泛使用的风谱有以下几种。

1. 美国石油学会（American Petroleum Institute，API）风谱

高度Z处（以 m 为单位）的 1 h 平均风速（以 m/s 为单位）的廓线由 API 定义为

$$\bar{V}_Z = \bar{V}_{10}\left(\frac{Z}{10}\right)^{0.125} \tag{2-53}$$

阵风因子是用 1 h 的平均风速计算给定阵风持续时间的平均风速，可以定义为

$$G(t,Z) = \frac{\bar{V}(t,Z)}{\bar{V}_Z} = 1 + g(t)I(Z) \tag{2-54}$$

其中，$\bar{V}(t,Z)$为高度Z处的t s 内的平均速度；$\bar{V}_Z$为高度Z处的 1 h 的平均速度；$I(Z)$为湍流强度。湍流强度因子定义为

$$g(t) = 3 + \ln\left(\frac{3}{t}\right)^{0.6} \quad t \leqslant 60\ \text{s} \tag{2-55}$$

湍流强度是用 1 h 的平均风速计算归一化的风速标准差，可表示为

$$I(Z) = \frac{\sigma(Z)}{\bar{V}_Z} \tag{2-56}$$

并且建议的 API 值为

$$I_Z = \begin{cases} 0.15\left(\dfrac{Z}{Z_s}\right)^{-0.125} & Z \leqslant Z_s \\ 0.15\left(\dfrac{Z}{Z_s}\right)^{-0.275} & Z > Z_s \end{cases} \tag{2-57}$$

其中，Z_s为表层厚度（20 m）。

无量纲 API 风谱由下式给出：

$$S(\tilde{f}) = \frac{\tilde{f}}{(1+1.5\tilde{f})^{5/3}} \tag{2-58}$$

其中，$S(\tilde{f})$为频率$\tilde{f}$的能量谱密度；$\tilde{f}$为无量纲频率，Hz，其定义为

$$\tilde{f} = \frac{40 f \cdot Z}{\bar{V}_Z} \tag{2-59}$$

基于上述定义，给出了以 m²/s 为单位的 API 风谱能量密度

$$S(f) = \frac{[\sigma(Z)]^2}{f} S(\tilde{f}) \tag{2-60}$$

2. 挪威石油管理局（Norwegian Petroleum Directorate，NPD）风谱

高度Z处的 1 h 平均风速（m/s）廓线为

$$\bar{V}_Z = \bar{V}_{10}\left(1 + C\ln\frac{Z}{10}\right) \tag{2-61}$$

其中，C为一系数，$C = 0.0573\sqrt{1+0.15\bar{V}_{10}}$。

高度Z处纵向风速波动的 NPD 风谱$S(f)$（m²/s）由下式给出：

$$S(f)=\frac{320\left(\frac{\bar{V}_{10}}{10}\right)^{2}\left(\frac{Z}{10}\right)^{0.45}}{(1+\tilde{f}^{0.468})^{3.561}} \tag{2-62}$$

其中，

$$\tilde{f}=\frac{172f\left(\frac{Z}{10}\right)^{2/3}}{\left(\frac{\bar{V}}{10}\right)^{3/4}} \tag{2-63}$$

3.Ochi 和 Shin 风谱

在高度Z处，平均风速记为

$$\bar{V}_Z=\bar{V}_{10}+2.5v\ln\frac{Z}{10}\quad Z>0 \tag{2-64}$$

其中，$\bar{V}_Z$为在平均水面以上高度Z（m）的平均风速，m/s；$\bar{V}_{10}$为在平均水面以上 10 m 处的平均风速，m/s；v为剪切速度，m/s，

$$v=\bar{V}_{10}\sqrt{C_{10}} \tag{2-65}$$

$$C_{10}=0.000\,794+0.000\,066\,58\bar{V}_{10} \tag{2-66}$$

Ochi 和 Shin 无量纲风谱$S(\tilde{f})$由以下公式给出：

$$S(\tilde{f})=\begin{cases}583\tilde{f} & 0\leqslant\tilde{f}\leqslant0.003\\ \dfrac{420\tilde{f}^{0.70}}{(1+\tilde{f}^{0.35})^{11.5}} & 0.003\leqslant f\leqslant0.1\\ \dfrac{838\tilde{f}}{(1+\tilde{f}^{0.35})^{11.5}} & \tilde{f}\geqslant0.1\end{cases} \tag{2-67}$$

其中，$\tilde{f}$为无量纲频率，$\tilde{f}=\frac{fZ}{\bar{V}_Z}$。

风谱密度 $S(f)$（m^2/s）定义为

$$S(f)=\frac{v^2}{f}S(\tilde{f}) \tag{2-68}$$

随时间变化的风速 $V(t,Z)$是由随机相位 α_j 的风谱波分量之和得到的，即

$$V(t,Z)=\bar{V}_Z+\sum_{j=1}^{N}\sqrt{2S(f_j)\Delta f_j}\cos(-2\pi f_j t+\alpha_j) \tag{2-69}$$

2.2.3 流

海流对海洋结构物，特别是系泊船和海洋结构物产生了巨大的荷载。通常假定水流沿水平方向移动，但可能因水的深度而变化。因此，定义了两种形式的流。

（1）均匀流由固定坐标系中的正标量 U_0 和方向角 θ_0 定义。均匀流的流速从海床到水面是恒定的。

（2）流速剖面是由一系列流速（振幅 U_Z 和方向 θ_Z）定义的。固定坐标系的原点在水面

上,因此,位置Z的值将永远是负值,且从海床到水面以升序的形式出现。通过相邻定义值的线性插值来计算在那些定义值之间的位置处的速度和方向值。流速剖面在最低位置以下或最高位置以上保持恒定,在定义范围外不会降至零。

水中特定位置处的总流速是均匀流速和剖面流速之和,即

$$\boldsymbol{U}_c(z)=(U_0\cos\theta_0,U_0\sin\theta_0,0)+(U_z\cos\theta_z,U_z\sin\theta_z,0) \tag{2-70}$$

2.3 浮体荷载

2.3.1 静水力荷载

当物体部分或全部浸没在水中时,水的排水量∇可以通过在其浸没表面上的积分来确定,即

$$\nabla=\int_{S_0}Zn_3\mathrm{d}S \tag{2-71}$$

其中,S_0为静水中物体的湿表面;$\boldsymbol{n}=(n_1,n_2,n_3)$为指向外的物体表面的单位法向量;$Z$为湿表面上的点相对于固定坐标系的垂直坐标。

水下物体的浮力是由于水的位移引起的垂直向上推力,即

$$F_B=\rho g\nabla \tag{2-72}$$

其中,ρ为水密度;g为重力加速度,F_B为浮力。

浮力中心$\boldsymbol{X}_B=(X_B,Y_B,Z_B)$可以通过以下公式计算得到:

$$\boldsymbol{X}_B=\frac{\rho g\int_{S_0}\left(\boldsymbol{X},Y,\dfrac{Z}{2}\right)Zn_3\mathrm{d}S}{F_B} \tag{2-73}$$

其中,$\boldsymbol{X}$为坐标系中浸没物体表面上某一点的位置向量,$\boldsymbol{X}=(X,Y,Z)$。

一般地,流体静力和力矩是指作用在静水物体上的流体荷载。流体静力的计算是对物体湿表面上的流体压力进行积分,而静水力矩是绕物体的重心得到的。流体静力$\boldsymbol{F}_{\mathrm{hys}}$和力矩$\boldsymbol{M}_{\mathrm{hys}}$的表达式为

$$\boldsymbol{F}_{\mathrm{hys}}=-\int_{S_0}p_{\mathrm{S}}\boldsymbol{n}\mathrm{d}S \tag{2-74}$$

$$\boldsymbol{M}_{\mathrm{hys}}=-\int_{S_0}p_{\mathrm{S}}(\boldsymbol{r}\times\boldsymbol{n})\mathrm{d}S \tag{2-75}$$

其中,p_{S}为静水压力,$p_{\mathrm{S}}=-\rho gZ$;$\boldsymbol{r}$为在固定坐标系中物体表面上的一点相对于重心的位置矢量,$\boldsymbol{r}=\boldsymbol{X}-\boldsymbol{X}_g$,$\boldsymbol{X}_g$为重心位置。

2.3.1.1 流体静力平衡

当处理频域问题时,关注的是关于平衡浮动位置的小振幅运动。因此,物体的湿表面变得与时间无关,并且必须计算关于物体平衡位置的流体静力和力矩。平衡位置将取决于浮体的质量、质量分布以及流体静压的分布。静水压力的分布可以用向上浮力和浮力中心的位置来描述。为了使平衡状态存在,下列静态条件必须成立。

(1)浮体的重量必须等于总浮力产生的向上的力。侧向力的和必须为零。如果作用在浮体上的唯一力是重力和静水压力,那么浮体的重量必须等于向上的浮力,即

$$\boldsymbol{F}_{\text{hys}} + M_{\text{s}} \cdot g(0,0,-1) = 0 \tag{2-76}$$

其中,M_{s} 为浮体的总结构质量,$M_{\text{s}} = \sum_j m_{\text{s}}(\boldsymbol{X}_j)$,式中的 $m_{\text{s}}(\boldsymbol{X}_j)$ 为分布在 $\boldsymbol{X}_j$ 位置的结构质量。

(2)作用在物体上的力矩和必须为零。如果力矩是围绕重心得到的,那么浮力力矩和所有外部静力的力矩必须为零,即

$$\boldsymbol{M}_{\text{hys}} + \sum_j (\boldsymbol{X}_j - \boldsymbol{X}_g) \times m_{\text{s}}(\boldsymbol{X}_j) g(0,0,-1) = 0 \tag{2-77}$$

其中,重心 $\boldsymbol{X}_g = (X_g, Y_g, Z_g)$ 是用质量分布计算的,即

$$\boldsymbol{X}_g = \frac{\sum_j \boldsymbol{X}_j m_{\text{s}}(\boldsymbol{X}_j)}{M_S} \tag{2-78}$$

同样,如果作用在物体上的力只有重力和静水压力,那么当浮体在静止水中处于平衡位置时,重心和浮力中心必须在同一垂直线上,即

$$X_g = X_B \tag{2-79}$$

$$Y_g = Y_B \tag{2-80}$$

2.3.1.2 小倾角稳定

用于自由浮体的稳定性标准是稳心高度。当物体的重量等于排出液体的重量,并且重心和浮力中心在同一垂直线上时,必须检查稳心高度,以便评估静水恢复的能力。平衡位置处物体的切割水线面特性可以用于估计物体的稳心。切割水线面面积 A 可通过下式计算:

$$A = -\int_{S_0} n_3 \mathrm{d}S \tag{2-81}$$

并且在固定坐标系上的切割水平面区域的中心(漂浮中心)为

$$(X_{\text{F}}, Y_{\text{F}}, 0) = \frac{\int_A (X, Y, 0)\mathrm{d}A}{A} = \frac{-\int_{S_0} (X, Y, 0) n_3 \mathrm{d}S}{A} \tag{2-82}$$

切割水线面面积关于浮心的二阶矩为

$$\begin{cases} I_{XX} = \int_A (Y - Y_{\text{F}})^2 \mathrm{d}A = -\int_{S_0} (Y - Y_{\text{F}})^2 n_3 \mathrm{d}S \\ I_{YY} = \int_A (X - X_{\text{F}})^2 \mathrm{d}A = -\int_{S_0} (X - X_{\text{F}})^2 n_3 \mathrm{d}S \\ I_{XY} = q\int_A (X - X_{\text{F}})(Y - Y_{\text{F}})\mathrm{d}A = -\int_{S_0} (X - X_{\text{F}})(Y - Y_{\text{F}}) n_3 \mathrm{d}S \end{cases} \tag{2-83}$$

其中,I_{XX} 为截面对 X 轴的二阶矩;I_{YY} 为截面对 Y 轴的二阶矩;I_{XY} 为截面对 X、Y 轴的二阶矩。

如图 2-2 所示,浮体处于初始平衡位置,重心和浮力中心分别为 G 和 B_0 并且在同一竖直线上。将浮体相对于漂浮中心转动一个小角度,总浮力保持恒定,但浮力中心移动到新位置 B。稳心 M 被定义为浮体受旋转扰动并旋转小角度之后,物体的向上浮力与物体的中心线的交点。距离 $\overline{GM}$ 是稳心高度。

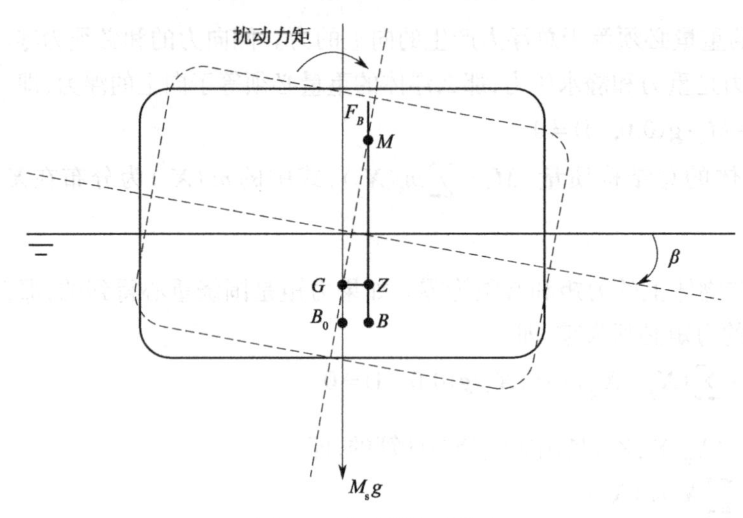

图 2-2 自由浮体的稳心

复原力矩$\rho g\nabla\overline{GM}\sin\beta$为平衡扰动力矩，并在转动模态稳定的情况下使浮体恢复到原来的位置。如果$\overline{GM}>0$，代表一个稳定的平衡；如果$\overline{GM}=0$，则平衡处于中性状态；如果$\overline{GM}<0$，则平衡不稳定。

纵向稳心高度$\overline{GM}_\mathrm{L}$和横向稳心高度$\overline{GM}_\mathrm{T}$的表达式如下：

$$\overline{GM}_\mathrm{L}=\frac{I_{YY}}{\nabla} \tag{2-84}$$

$$\overline{GM}_\mathrm{T}=\frac{I_{XX}}{\nabla} \tag{2-85}$$

2.3.1.3 大倾角稳定

大倾角下的稳定性类似于小倾角稳定性。假设浮体绕水平轴旋转特定的角度，并从其初始平衡位置向上或向下移动，以确保排水位移保持恒定（图 2-3）。从浮体的初始平衡状态出发，绕给定水平轴旋转已知的倾角，首先计算重心的垂直移动位置，以保持排水位移不变；然后，在浮体新的方位和位置状态下，可以计算出湿表面。水平轴与整体X轴之间的方向角为θ_H，初始平衡位置与水平轴的倾斜角为β_H，重心新位置(X'_g,Y'_g,Z'_g)和相应的湿表面为$S(\theta_\mathrm{H},\beta_\mathrm{H})$，绕$GXYZ$的水平转动惯量为

$$\begin{cases}M_{RX}=-\int_{S(\theta_\mathrm{H},\beta_\mathrm{H})}p_\mathrm{S}[(Y-Y'_g)n_3-(Z-Z'_g)n_2]\mathrm{d}S\\ M_{RY}=-\int_{S(\theta_\mathrm{H},\beta_\mathrm{H})}p_\mathrm{S}[(Z-Z'_g)n_1-(X-X'_g)n_3]\mathrm{d}S\end{cases} \tag{2-86}$$

其中，p_S为静水压力。

关于水平轴线及其垂直轴线的回复力矩为

$$\begin{pmatrix}M_\mathrm{RH}\\ M_\mathrm{RP}\end{pmatrix}=\begin{pmatrix}\cos\theta_\mathrm{H} & \sin\theta_\mathrm{H}\\ -\sin\theta_\mathrm{H} & \cos\theta_\mathrm{H}\end{pmatrix}\begin{pmatrix}M_{RX}\\ M_{RY}\end{pmatrix} \tag{2-87}$$

可以进一步计算浮体稳定性交叉曲线中的常规值

$$\overline{SZ}=\overline{GZ_1}-\overline{SG}\sin\beta_\mathrm{H} \tag{2-88}$$

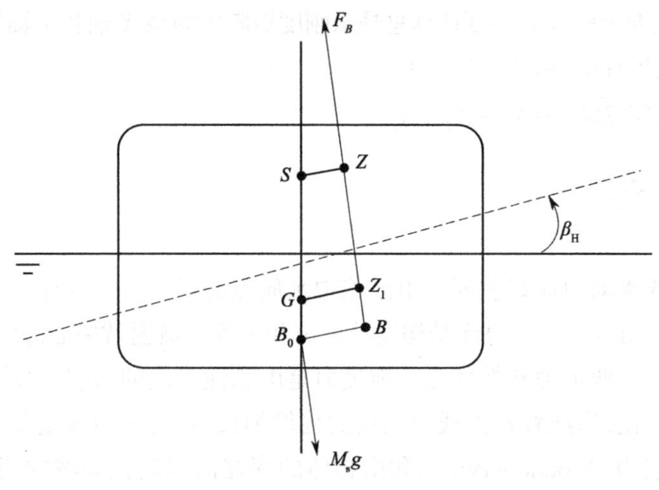

图 2-3　大倾角稳定

其中，

$$\overline{GZ_1}=\frac{M_{\text{RH}}}{\rho g\nabla} \tag{2-89}$$

2.3.1.4　静水刚度矩阵

如果刚度矩阵 $\boldsymbol{K}_{\text{hus}}$ 用围绕重心的运动来表示，并且仅考虑静水压力，则将采用以下形式：

$$\boldsymbol{K}_{\text{hus}}=\begin{pmatrix} 0 & 0 & 0 & 0 & 0 & 0 \\ 0 & 0 & 0 & 0 & 0 & 0 \\ 0 & 0 & K_{33} & K_{34} & K_{35} & 0 \\ 0 & 0 & K_{43} & K_{44} & K_{45} & K_{46} \\ 0 & 0 & K_{53} & K_{54} & K_{55} & K_{56} \\ 0 & 0 & 0 & 0 & 0 & 0 \end{pmatrix} \tag{2-90}$$

其中，刚度矩阵中的各项为

$$K_{33}=-\rho g\int_{S_0} n_3\mathrm{d}S=\rho gA \tag{2-91a}$$

$$K_{34}=K_{43}=-\rho g\int_{S_0}(Y-Y_g)n_3\mathrm{d}S \tag{2-91b}$$

$$K_{35}=K_{53}=\rho g\int_{S_0}(X-X_g)n_3\mathrm{d}S \tag{2-91c}$$

$$K_{44}=-\rho g\int_{S_0}(Y-Y_g)^2 n_3\mathrm{d}S+\rho g(Z_B-Z_g)\nabla \tag{2-91d}$$

$$K_{45}=K_{54}=-\rho g\int_{S_0}(X-X_g)(Y-Y_g)n_3\mathrm{d}S \tag{2-91e}$$

$$K_{55}=-\rho g\int_{S_0}(X-X_g)^2 n_3\mathrm{d}S+\rho g(Z_B-Z_g)\nabla \tag{2-91f}$$

$$K_{46}=-\rho g(X_B-X_g)\nabla \tag{2-91g}$$

$$K_{56}=-\rho g\left(Y_B-Y_g\right)\nabla \tag{2-91h}$$

其中，A 为式（2-81）中的切割水线面面积；∇ 由式（2-71）计算得到。

如果物体处于自由漂浮的平衡状态，没有外力作用，则 K_{46} 和 K_{56} 为零，刚度矩阵是对称

的。使用纵向和横向上的稳心高度计算总静水刚度矩阵中的绕 X 轴和 Y 轴旋转的刚度项为

$$K_{44}=\rho g[\nabla \overline{GM_{\mathrm{T}}}+(Y_{\mathrm{F}}-Y_{B})^{2}A] \tag{2-92a}$$

$$K_{55}=\rho g[\nabla \overline{GM_{\mathrm{L}}}+(X_{\mathrm{F}}-X_{B})^{2}A] \tag{2-92b}$$

2.4 波浪荷载

海洋结构物的水动力荷载主要是由波浪中水质点的运动、结构物的运动以及波浪与结构物之间的相互作用引起的。海洋结构设计人员和工程人员通常关心海洋结构所受的三类水动力荷载:拖曳力、波浪力和惯性力。拖曳力是由黏性引起的,其与水质点和结构之间相对速度的平方成正比;当波幅较大或者结构的构件细长时,拖曳力很重要。在小振幅波中,波浪力由一阶入射力(Froude-Krylov)和由物体的存在而引起扰动波的绕射力组成。在较大的海况中,一阶力和二阶力都很重要。波浪惯性力或辐射力是由物体运动引起的。势流理论是求解波浪力和惯性力的常用理论。

三维面元法是分析大体积结构在波浪中水动力特性的最常用的数值方法。这些方法以势流理论为基础,用一系列绕射面板表示结构表面。莫里森(Morison)方程在细长杆件中得到了广泛的应用。通常采用一种混合方法对结构进行建模,大体积结构采用衍射面(Diffracting Panels),小截面构件采用莫里森构件(Morison Elements)。

2.4.1 一阶波浪荷载

由于使用绕射波和辐射波的一阶势流理论进行辐射和绕射分析,因此可以使用线性叠加原理来计算流域内的速度势。由速度势定义包围浮体的流体流场为

$$\Phi(\boldsymbol{X},t)=a_{\mathrm{w}}\varphi(\boldsymbol{X})\mathrm{e}^{-\mathrm{i}\omega t} \tag{2-93}$$

在公式(2-93)中,孤立的空间相关项 $\varphi(\boldsymbol{X})$ 可以被分离成由物体的 6 种基本运动引起的辐射波、入射波和绕射或散射波。势函数是复数,但是在时域分析中,通过仅考虑实部来获得诸如流体压力和物体运动的物理量。因此,由于入射波、绕射波和辐射波引起的速度势可以写为

$$\varphi(\boldsymbol{X})\mathrm{e}^{-\mathrm{i}\omega t}=\left[(\varphi_{\mathrm{I}}+\varphi_{\mathrm{d}})+\sum_{j=1}^{6}\varphi_{\mathrm{r}j}x_{j}\right]\mathrm{e}^{-\mathrm{i}\omega t} \tag{2-94}$$

其中,φ_{I} 为单位波幅的一阶入射波速度势;φ_{d} 为相应的绕射波速度势;$\varphi_{\mathrm{r}j}$ 为具有单位波幅的第 j 次运动而产生的辐射波速度势。

在有限水深中,点 $\boldsymbol{X}=(X,Y,Z)$ 处的线性入射势 Φ_{I} 由式(2-7)得到,只是单位振幅 $a_{\mathrm{w}}=1$ 作为特殊情况。当波速势已知时,可利用线性化的伯努利方程计算一阶动水压力分布

$$p^{(1)}=-\rho\frac{\partial\Phi(\boldsymbol{X},t)}{\partial t}=\mathrm{i}\omega\rho\varphi(\boldsymbol{X})\mathrm{e}^{-\mathrm{i}\omega t} \tag{2-95}$$

根据压力分布,可以通过对主体的湿表面上的压力进行积分来计算各种流体力。为了得到作用在浮体上的力和力矩的一般形式,将式(2-71)分解为对应刚体运动的 6 个分量,如

$$(n_1, n_2, n_3) = \boldsymbol{n} \tag{2-96}$$

$$(n_4, n_5, n_6) = \boldsymbol{r} \times \boldsymbol{n} \tag{2-97}$$

其中，$\boldsymbol{r}$ 为浮体表面上的点相对于固定坐标系中的重心的位置矢量，$\boldsymbol{r} = \boldsymbol{X} - \boldsymbol{X}_g$。采用该符号，一阶流体动力和力矩分量可以用一般形式表示：

$$F_j \mathrm{e}^{-\mathrm{i}\omega t} = -\int_{S_0} p^{(1)} n_j \mathrm{d}S = \left[-\mathrm{i}\omega\rho\int_{S_0} \varphi(\boldsymbol{X}) n_j \mathrm{d}S\right]\mathrm{e}^{-\mathrm{i}\omega t} \tag{2-98}$$

其中，S_0 为浮体的平均湿表面。

根据式（2-95），总的一阶流体动力可以写为

$$F_j = \left[(F_{\mathrm{I}j} + F_{\mathrm{d}j}) + \sum_{k=1}^{6} F_{\mathrm{r}jk} x_k\right] \quad k = 1,6 \tag{2-99}$$

其中，入射波引起的第 j 个 Froude-Krylov 力为

$$F_{\mathrm{I}j} = -\mathrm{i}\omega\rho\int_{S_0} \varphi_{\mathrm{I}}(\boldsymbol{X}) n_j \mathrm{d}S \tag{2-100}$$

绕射波引起的第 j 个绕射力为

$$F_{\mathrm{d}j} = -\mathrm{i}\omega\rho\int_{S_0} \varphi_{\mathrm{d}}(\boldsymbol{X}) n_j \mathrm{d}S \tag{2-101}$$

由第 k 个单位振幅刚性运动引起的辐射波引起的第 j 个辐射力为

$$F_{\mathrm{r}jk} = -\mathrm{i}\omega\rho\int_{S_0} \varphi_{\mathrm{r}k}(\boldsymbol{X}) n_j \mathrm{d}S \tag{2-102}$$

流体力可以根据被动分量和主动分量来进一步描述。主动力或波浪激振力由 Froude-Krylov 力和绕射力组成。反作用力是由浮体运动引起的辐射力。辐射势可以用实部和虚部表示，并代入式（2-102）以产生附加质量 A_{jk} 和波浪阻尼系数 B_{jk}：

$$\begin{aligned} F_{\mathrm{r}jk} &= -\mathrm{i}\omega\rho\int_{S_0} \left\{\mathrm{Re}[\varphi_{\mathrm{r}k}(\boldsymbol{X})] + \mathrm{i}\,\mathrm{Im}[\varphi_{\mathrm{r}k}(\boldsymbol{X})]\right\} n_j \mathrm{d}S \\ &= \omega\rho\int_{S_0} \mathrm{Im}[\varphi_{\mathrm{r}k}(\boldsymbol{X})] n_j \mathrm{d}S - \mathrm{i}\omega\rho\int_{S_0} \mathrm{Re}[\varphi_{\mathrm{r}k}(\boldsymbol{X})] n_j \mathrm{d}S \\ &= \omega^2 A_{jk} + \mathrm{i}\omega B_{jk} \end{aligned} \tag{2-103}$$

假设理想流体存在具有孤立空间相关项 $\varphi(\boldsymbol{X})$ 的速度势函数 $\varPhi(\boldsymbol{X},t)$，并采用线性流体动力学理论，考虑波辐射和绕射，流体-结构相互作用由固定坐标系中的以下方程组描述。

（1）拉普拉斯方程：

$$\Delta\varphi = \frac{\partial^2\varphi}{\partial X^2} + \frac{\partial^2\varphi}{\partial Y^2} + \frac{\partial^2\varphi}{\partial Z^2} = 0 \tag{2-104}$$

适用于流域 $\varOmega$ 中的任何地方。

（2）零航度情况下的线性自由面方程：

$$-\omega^2\varphi + g\frac{\partial\varphi}{\partial Z} = 0 \quad Z = 0 \tag{2-105}$$

（3）物体湿表面方程：

$$\frac{\partial\varphi}{\partial \boldsymbol{n}} = \begin{cases} -\mathrm{i}\omega n_j & \text{辐射势} \\ -\dfrac{\partial\varphi_{\mathrm{I}}}{\partial \boldsymbol{n}} & \text{绕射势} \end{cases} \tag{2-106}$$

其中，$\boldsymbol{n}$ 为外表面法向量；φ_{I} 为描述初始输入正弦波系统的速度势函数。

（4）深度 d 处的海底方程：

$$\frac{\partial \varphi}{\partial Z}=0 \quad Z=-d \tag{2-107}$$

（5）必须在这些方程中加入一个适当的辐射条件，使波扰动随 $\sqrt{(x^2+y^2)}\to\infty$ 而消失。

采用边界积分法求解上述控制条件下的流体速度势。在该方法中，引入了有限深度水中的频域脉动格林（Green）函数，该函数服从式（2-105）和式（2-107）相同的线性自由面边界条件、海底条件和远场辐射条件，并满足以下流场条件：

$$\Delta G(\boldsymbol{X},\boldsymbol{\xi},\omega)=\frac{\partial^2 G}{\partial X^2}+\frac{\partial^2 G}{\partial Y^2}+\frac{\partial^2 G}{\partial Z^2}=\delta(\boldsymbol{X}-\boldsymbol{\xi}) \quad \boldsymbol{X}\in\Omega,\boldsymbol{\xi}\in\Omega \tag{2-108}$$

其中，$\boldsymbol{\xi}$ 为源的位置，$\boldsymbol{\xi}=(\xi,\eta,\zeta)$；$\delta(\boldsymbol{X}-\boldsymbol{\xi})$ 为狄拉克增量（Dirac Delta）函数，

$$\delta(\boldsymbol{X}-\boldsymbol{\xi})=\begin{cases}0 & \boldsymbol{X}-\boldsymbol{\xi}\neq\boldsymbol{0}\\ \infty & \boldsymbol{X}-\boldsymbol{\xi}=\boldsymbol{0}\end{cases} \tag{2-109}$$

格林函数表示为

$$\begin{aligned}G(\boldsymbol{X},\boldsymbol{\xi},\omega)=&\frac{1}{r}+\frac{1}{r_2}+\int_0^\infty\frac{2(k+v)\mathrm{e}^{-kd}\cosh[k(Z+d)]\cosh[k(\zeta+d)]}{k\sinh(kd)-v\cosh(kd)}J_0(kR)\mathrm{d}k+\\&\mathrm{i}2\pi\frac{(k_0+v)\mathrm{e}^{-k_0d}\cosh[k_0(Z+d)]\cosh[k_0(\zeta+d)]}{\sinh(k_0d)+k_0d\cosh(k_0d)-vd\sinh(k_0d)}J_0(k_0R)\end{aligned} \tag{2-110}$$

其中，J_0 为第一类贝塞尔（Bessel）函数，并且：

$$R=\left[(X-\xi)^2+(Y-\eta)^2\right]^{\frac{1}{2}} \tag{2-111}$$

$$r=\left[R^2+(Z-\zeta)^2\right]^{\frac{1}{2}} \tag{2-112}$$

$$r_2=\left[R^2+(Z+\zeta+2d)^2\right]^{\frac{1}{2}} \tag{2-113}$$

$$v=\frac{\omega^2}{g} \tag{2-114}$$

$$k_0\tanh(k_0d)=v \tag{2-115}$$

利用格林定理，绕射波和辐射波的速度势可表示为第二类弗雷德霍姆（Fredholm）积分方程：

$$c\varphi(\boldsymbol{X})=\int_{S_0}\left\{\varphi(\xi)\frac{\partial G(\boldsymbol{X},\xi,\omega)}{\partial n(\xi)}-G(\boldsymbol{X},\xi,\omega)\frac{\partial\varphi(\xi)}{\partial n(\xi)}\right\}\mathrm{d}S \tag{2-116}$$

其中，c 为一与 $\boldsymbol{X}$ 相关的系数，

$$c=\begin{cases}0 & \boldsymbol{X}\notin\Omega\cup S_0\\ 2\pi & \boldsymbol{X}\in S_0\\ 4\pi & \boldsymbol{X}\in\Omega\end{cases} \tag{2-117}$$

进一步引入平均湿表面上的源分布，流体势 $\varphi(\boldsymbol{X})$ 表示为

$$\varphi(\boldsymbol{X})=\frac{1}{4\pi}\int_{S_0}\sigma(\xi)G(\boldsymbol{X},\xi,\omega)\mathrm{d}S \quad \boldsymbol{X}\in\Omega\cup S_0 \tag{2-118}$$

其中，在平均湿表面上的源强度可由式（2-106）给出的船体表面边界条件确定，如：

$$\frac{\partial \varphi(\boldsymbol{X})}{\partial n(\boldsymbol{X})}=-\frac{1}{2}\sigma(\boldsymbol{X})+\frac{1}{4\pi}\int_{S_0}\sigma(\xi)\frac{\partial G(\boldsymbol{X},\xi,\omega)}{\partial n(\boldsymbol{X})}\mathrm{d}S \quad \boldsymbol{X}\in S_0 \tag{2-119}$$

采用赫斯 - 史密斯（Hess-Smith）常数面元法求解上述方程，将浮体的平均湿表面划分为四边形或三角形面元。假设每个面板内的势和源强度是常数，其值为该面元的相应平均值。式（2-118）和式（2-119）的离散积分形式表示为

$$\varphi(\boldsymbol{X})=\frac{1}{4\pi}\sum_{m=1}^{N_\mathrm{p}}\sigma_m G(\boldsymbol{X},\boldsymbol{\xi}_m,\omega)\Delta S_m \quad \boldsymbol{X}\in\Omega\cup S_0 \tag{2-120}$$

$$-\frac{1}{2}\sigma_k+\frac{1}{4\pi}\sum_{m=1}^{N_\mathrm{p}}\sigma_m\frac{\partial G(\boldsymbol{X}_k,\boldsymbol{\xi}_m,\omega)}{\partial n(\boldsymbol{X}_k)}\Delta S_m=\frac{\partial\varphi(\boldsymbol{X}_k)}{\partial n(\boldsymbol{X}_k)} \quad \boldsymbol{X}_k\in S_0, k=1,2,\cdots,N_\mathrm{p} \tag{2-121}$$

其中，N_p 为平均湿表面上的面元总数；ΔS_m 为第 m 个面元的面积；$\boldsymbol{\xi}_m$、$\boldsymbol{X}_k$ 分别为第 m 个和第 k 个面元上的几何中心的坐标。

2.4.2　二阶波浪荷载

二阶波浪激力的概念是基于浮动或固定结构物被无黏、无旋、均质和不可压缩流体包围的水动力响应的假设。此外，无论是流体波幅值还是相应的结构运动响应的幅值都很小。在这些假设下，周围的流体可以用速度势函数表示，并采用摄动方法来表示流体的势、波高和结构上一点的位置：

$$\begin{cases}\Phi=\varepsilon\Phi^{(1)}+\varepsilon^2\Phi^{(2)}+O(\varepsilon^3)\\ \zeta=\zeta^{(0)}+\varepsilon\zeta^{(1)}+\varepsilon^2\zeta^{(2)}+O(\varepsilon^3) \qquad \varepsilon\to 0\\ \boldsymbol{X}=\boldsymbol{X}^{(0)}+\varepsilon\boldsymbol{X}^{(1)}+\varepsilon^2\boldsymbol{X}^{(2)}+O(\varepsilon^3)\end{cases} \tag{2-122}$$

其中，上标（0）表示静态值，上标（1）和（2）表示相对于扰动参数 ε 的一阶和二阶变化。

在式（2-122）中，在固定参考系里定义刚性浮式结构物上点的位置。在该部分中，还引入了局部结构坐标系 *GXYZ*，其固定在结构上的重心处。在静水中的初始平衡位置，*GXYZ* 的 3 个轴方向平行于固定坐标系 *OXYZ* 的轴。使用这些定义和式（2-5），结构点上的位置可以写为

$$\begin{cases}\boldsymbol{X}^{(0)}=\boldsymbol{X}_g^{(0)}+\boldsymbol{x}\\ \boldsymbol{X}^{(1)}=\boldsymbol{X}_g^{(1)}+\boldsymbol{\alpha}^{(1)}\times\boldsymbol{x}\end{cases} \tag{2-123}$$

其中，$\boldsymbol{X}_g^{(0)}$ 为重心在固定坐标系中的静态位置；$\boldsymbol{x}$ 为点在局部结构坐标系中的位置；$\boldsymbol{X}_g^{(1)}$ 为重心在固定坐标系中的一阶平移运动；$\boldsymbol{\alpha}^{(1)}$ 为重心在固定坐标系中的一阶旋转运动。这里只讨论一阶项。式（2-122）中的二阶项具有与式（2-123）中的二阶项类似的形式。

如果当结构物在静水中处于其平衡位置时，$\boldsymbol{x}$ 点处结构物表面的法向矢量表示为 $\boldsymbol{n}$，则该点处的一阶速度 $\dot{\boldsymbol{X}}^{(1)}$、加速度响应 $\ddot{\boldsymbol{X}}^{(1)}$ 以及法向矢量的一阶分量 $\boldsymbol{N}^{(1)}$ 可写为

$$\dot{\boldsymbol{X}}^{(1)}=\dot{\boldsymbol{X}}_g^{(1)}+\dot{\boldsymbol{\alpha}}^{(1)}\times\boldsymbol{x} \tag{2-124}$$

$$\ddot{\boldsymbol{X}}^{(1)}=\ddot{\boldsymbol{X}}_g^{(1)}+\ddot{\boldsymbol{\alpha}}^{(1)}\times\boldsymbol{x} \tag{2-125}$$

$$\boldsymbol{N}^{(1)}=\boldsymbol{\alpha}^{(1)}\times\boldsymbol{n} \tag{2-126}$$

其中，$\boldsymbol{N}^{(1)}$为固定坐标系中的体表位置的法向量$\boldsymbol{N}$的一阶变化，$\boldsymbol{N}=\boldsymbol{N}^{(0)}+\varepsilon\boldsymbol{N}^{(1)}+\cdots$，$\boldsymbol{N}^{(0)}=\boldsymbol{n}$。

给定点处的流体压力p由伯努利方程确定，并且可以表示为泰勒级数：

$$p=-\rho\frac{\partial\Phi}{\partial t}-\frac{1}{2}\rho\nabla\Phi\cdot\nabla\Phi-\rho gZ$$
$$=p^{(0)}+p^{(1)}+p^{(2)}+O(\varepsilon^3) \tag{2-127}$$

其中，

$$p^{(0)}=-\rho gX_3^{(0)} \tag{2-128}$$

$$p^{(1)}=-\rho gX_3^{(1)}-\rho\frac{\partial\Phi^{(1)}}{\partial t} \tag{2-129}$$

$$p^{(2)}=-\frac{1}{2}\rho\left|\nabla\Phi^{(1)}\right|^2-\rho X^{(1)}\cdot\nabla\frac{\partial\Phi^{(1)}}{\partial t}-\rho\frac{\partial\Phi^{(2)}}{\partial t}-\rho gX_3^{(2)} \tag{2-130}$$

在固定坐标系中，相对于物体重心的总流体力和力矩具有以下一般形式：

$$\boldsymbol{F}(t)=-\iint_{S(t)}p\boldsymbol{N}\mathrm{d}S \tag{2-131}$$

$$\boldsymbol{M}(t)=-\iint_{S(t)}p\left[\left(\boldsymbol{X}-\boldsymbol{X}_g\right)\times\boldsymbol{N}\right]\mathrm{d}S \tag{2-132}$$

其中，$S(t)$为物体的瞬时湿表面。

对湿表面$S(t)$积分的扰动进行分析之后，二阶波浪激振力和力矩可以写为

$$\begin{aligned}\boldsymbol{F}^{(2)}=&-\frac{1}{2}\rho g\oint_{\mathrm{WL}}\zeta_{\mathrm{r}}^{(1)}\cdot\zeta_{\mathrm{r}}^{(1)}\boldsymbol{n}\mathrm{d}l+ &&\text{水线积分项}\\&\frac{1}{2}\rho\iint_{S_0}\left[\nabla\Phi^{(1)}\cdot\nabla\Phi^{(1)}\right]\boldsymbol{n}\mathrm{d}S+ &&\text{伯努利项}\\&\rho\iint_{S_0}\left[\boldsymbol{X}^{(1)}\cdot\nabla\frac{\partial\Phi^{(1)}}{\partial t}\right]\boldsymbol{n}\mathrm{d}S+ &&\text{加速项}\\&\boldsymbol{\alpha}^{(1)}\times\boldsymbol{F}^{(1)}+ &&\text{动量项}\\&\rho\iint_{S_0}\frac{\partial\Phi^{(2)}}{\partial t}\boldsymbol{n}\mathrm{d}S &&\text{二阶势项}\end{aligned} \tag{2-133}$$

$$\begin{aligned}\boldsymbol{M}^{(2)}=&-\frac{1}{2}\rho g\oint_{\mathrm{WL}}\zeta_{\mathrm{r}}^{(1)}\cdot\zeta_{\mathrm{r}}^{(1)}(\boldsymbol{x}\times\boldsymbol{n})\mathrm{d}l+ &&\text{水线积分项}\\&\frac{1}{2}\rho\iint_{S_0}\left[\nabla\Phi^{(1)}\cdot\nabla\Phi^{(1)}\right](\boldsymbol{x}\times\boldsymbol{n})\mathrm{d}S+ &&\text{伯努利项}\\&\rho\iint_{S_0}\left[\boldsymbol{X}^{(1)}\cdot\nabla\frac{\partial\Phi^{(1)}}{\partial t}\right](\boldsymbol{x}\times\boldsymbol{n})\mathrm{d}S+ &&\text{加速项}\\&\boldsymbol{\alpha}^{(1)}\times\boldsymbol{M}^{(1)}+ &&\text{动量项}\\&\rho\iint_{S_0}\frac{\partial\Phi^{(2)}}{\partial t}(\boldsymbol{x}\times\boldsymbol{n})\mathrm{d}S &&\text{二阶势项}\end{aligned} \tag{2-134}$$

其中，$\zeta_{\mathrm{r}}^{(1)}$为沿平均无扰动水线的相对波高，$\zeta_{\mathrm{r}}^{(1)}=\zeta^{(1)}-\boldsymbol{X}_{3\mathrm{WL}}^{(1)}$；$S_0$为平均湿表面；$\boldsymbol{F}^{(1)}$、$\boldsymbol{M}^{(1)}$为总的一阶流体力和力矩，包括相对于物体固定系的重力变化、流体静回复力、波浪激励、流体辐射力和力矩。

2.4.2.1　单向平均波浪漂移力(远场解)

水平面上作用在浮体上的平均波浪漂移力可以通过考虑在规定的流体区域内的线动量和角动量的变化率来计算。如图 2-4 所示,将 $V(t)$ 表示为浮体湿表面 S、海床 S_b、以浮体的局部 Z 轴作为其垂直轴的无限远垂直圆柱形表面 S_C、自由表面 S_F 和水深 d 所包围的流体体积,该体积中流体的线动量 $\bar{G}$ 和角动量 $\bar{H}$ 为

$$\bar{G}=\rho\iiint_{V(t)}\nabla\Phi\mathrm{d}V \tag{2-135}$$

$$\bar{H}=\rho\iiint_{V(t)}(\boldsymbol{X}-\boldsymbol{X}_g)\times\nabla\Phi\mathrm{d}V \tag{2-136}$$

其中,ρ 为流体密度;Φ 为流体势;$\boldsymbol{X}$ 为流体域内点的坐标;$\boldsymbol{X}_g$ 为固定坐标系中浮体的重心。

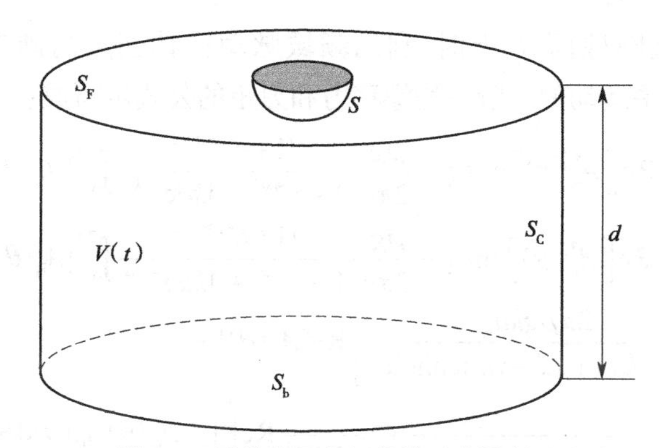

图 2-4　浮体和无穷远处的垂直控制面

线性动量的变化率写为

$$\begin{aligned}\frac{\mathrm{d}\bar{G}}{\mathrm{d}t}&=\rho\frac{\mathrm{d}}{\mathrm{d}t}\iiint_{V(t)}\nabla\Phi\mathrm{d}V=\rho\iiint_{V(t)}\nabla\left(\frac{\partial\Phi}{\partial t}\right)\mathrm{d}V+\rho\iint_{S_t}\nabla\Phi\cdot u_n\mathrm{d}S\\&=\rho\iint_{S_t}\left[\frac{\partial\Phi}{\partial t}\boldsymbol{n}+\nabla\Phi\cdot u_{\mathrm{n}}\right]\mathrm{d}S\end{aligned} \tag{2-137}$$

其中,S_t 为积分体流体体积,$S_t=S+S_F+S_C+S_b$;u_n 为边界表面的法向速度;$\boldsymbol{n}$ 为边界表面上从流体体积向外指向的正法向矢量。对于角动量的变化率,也可以导出一个类似的公式。

当考虑水平面内的二阶平均力时,二阶势对它们没有贡献,因此流体势只包括一阶分量。通过在入射波的一个周期内取时间平均值并使用斯托克斯方程,水平平均漂移力和力矩表示为

$$\bar{F}_1=\overline{-\frac{\rho}{2g}\int_l\left(\frac{\partial\Phi}{\partial t}\right)^2n_1\mathrm{d}l-\rho\iint_{S_C}\left[\frac{\partial\Phi}{\partial x}\frac{\partial\Phi}{\partial n}-\frac{1}{2}\nabla\Phi\cdot\nabla\Phi n_1\right]\mathrm{d}S} \tag{2-138}$$

$$\bar{F}_2=\overline{-\frac{\rho}{2g}\int_l\left(\frac{\partial\Phi}{\partial t}\right)^2n_2\mathrm{d}l-\rho\iint_{S_C}\left[\frac{\partial\Phi}{\partial y}\frac{\partial\Phi}{\partial n}-\frac{1}{2}\nabla\Phi\cdot\nabla\Phi n_2\right]\mathrm{d}S} \tag{2-139}$$

$$\bar{M}_6=\overline{-\frac{\rho}{2g}\int_l\left(\frac{\partial\Phi}{\partial t}\right)^2n_6\mathrm{d}l-\rho\iint_{S_C}\left\{\left[(X-X_g)\frac{\partial\Phi}{\partial y}-(Y-Y_g)\frac{\partial\Phi}{\partial x}\right]\frac{\partial\Phi}{\partial n}-\frac{1}{2}\nabla\Phi\cdot\nabla\Phi n_6\right\}\mathrm{d}S} \tag{2-140}$$

$$n_6=(X-X_g)n_2-(Y-Y_g)n_1 \tag{2-141}$$

其中，$\bar{F}_1$、$\bar{F}_2$为水平平均漂移力；$\bar{M}_6$为水平平均漂移力矩；n_1、n_2为力相关系数；n_6为力矩相关系数；l为控制面S_C和平均自由面之间的交点。

设$\boldsymbol{X}=(X,Y,Z)$为圆柱面S_C无穷远处的点，$\boldsymbol{\xi}=(\xi,\eta,\zeta)$为物体表面$S$上的点，它们在以浮体重心为原点的极坐标系中的水平坐标表示为

$$\begin{cases}X=r\cos\theta+X_g\\Y=r\sin\theta+Y_g\end{cases} \tag{2-142}$$

$$\begin{cases}\xi=r_q\cos\theta_q+X_g\\\eta=r_q\sin\theta_q+Y_g\end{cases} \tag{2-143}$$

当点位于无穷远圆柱面S_C上时，利用频域脉动格林函数的渐近表达式，由入射波(a_w,ω,k,χ)引起的水平运动的二阶平均漂移力和力矩的公式可写成：

$$\bar{F}_1=-\frac{\rho g a_w}{v}\mathrm{Re}\left[A_B^*(\chi)\right]\cos\chi-\frac{\rho g}{2\pi v}\cdot\frac{(1+\mathrm{e}^{-2kd})^2}{1-\mathrm{e}^{-4kd}+4kd\mathrm{e}^{-2kd}}\int_0^{2\pi}\left|A_B(\theta)\right|^2\cos\theta\mathrm{d}\theta \tag{2-144}$$

$$\bar{F}_2=-\frac{\rho g a_w}{v}\mathrm{Re}\left[A_B^*(\chi)\right]\sin\chi-\frac{\rho g}{2\pi v}\cdot\frac{(1+\mathrm{e}^{-2kd})^2}{1-\mathrm{e}^{-4kd}+4kd\mathrm{e}^{-2kd}}\int_0^{2\pi}\left|A_B(\theta)\right|^2\sin\theta\mathrm{d}\theta \tag{2-145}$$

$$\begin{aligned}\bar{M}_6=&-\frac{2a\rho gka_w}{v\left[\tan(kd)+kd-vd\tanh(kd)\right]}\mathrm{Re}[A_C(\theta)]-\\&\frac{a\rho gk}{\pi v}\cdot\frac{1}{[\tanh(kd)+kd-vd\tanh(kd)]^2}\mathrm{Re}\left[\int_0^{2\pi}A_C(\theta)A_B^*(\theta)\mathrm{d}\theta\right]\end{aligned} \tag{2-146}$$

其中，上标 * 表示复数的共轭，并且

$$A_B(\theta)=-\frac{2\pi}{g}\omega(k+v)\iint_{S_0}\sigma_t(\xi)\mathrm{e}^{-kd}\cosh[k(\zeta+d)]\mathrm{e}^{-\mathrm{i}kr_q\cos(\theta-\theta_q)}\mathrm{d}S \tag{2-147}$$

$$A_C(\theta)=-\frac{2\pi}{g}\omega(k+v)\iint_{S_0}\sigma_t(\xi)\mathrm{e}^{-kd}\cosh[k(\zeta+d)]r_q\sin(\theta-\theta_q)\mathrm{e}^{-\mathrm{i}kr_q\cos(\theta-\theta_q)}\mathrm{d}S \tag{2-148}$$

$$a=\frac{\sinh(2kd)+2kd}{2k[\cos(2kd)+1]} \tag{2-149}$$

上面讨论的远场解决方法具有以下限制：

（1）只对单个浮体有效，不考虑不同浮式结构物之间的水动力相互作用效应；

（2）只能估计水平面上的二阶平均漂移力和力矩；

（3）只对单向波有效。

2.4.2.2 多方向波的广义二次载荷传递函数（Quadratic Transfer Function，QTF）系数矩阵

本节仅涉及由一阶波势和一阶运动响应引起的二阶力和力矩。将单向入射波定义扩展到更一般的多方向波情况下，在第m波方向上的入射波的流体势以复数形式表示。例如，平均水面上的点$\boldsymbol{X}^{(0)}=(X,Y,0)$的一阶入射规则波高程$\zeta_{jm}(\boldsymbol{X}^{(0)},t)$表示为

$$\zeta_{jm}(\boldsymbol{X}^{(0)},t)=a_{jm}\mathrm{e}^{\mathrm{i}(-\omega_{jm}t+k_{jm}X\cos\chi_m+k_{jm}Y\sin\chi_m+\alpha_{jm})} \tag{2-150}$$

其中，a_{jm}为波振幅；ω_{jm}为频率；k_{jm}为波数；χ_m为方向；α_{jm}为相位。

式（2-133）和式（2-134）中二阶力和力矩表达式中的所有变量是实部的。单位波幅对

应的物体一阶相对波高、势、位移和加速度的复数形式为

$$\mathrm{Re}\left\{\zeta'_{\tau jm}\mathrm{e}^{\mathrm{i}(-\omega_{jm}t+\alpha_{jm})}\right\}=\zeta^{(1)}_{\tau jm} \tag{2-151}$$

$$\mathrm{Re}\left\{\boldsymbol{\Phi}'_{jm}\mathrm{e}^{\mathrm{i}(-\omega_{jm}t+\alpha_{jm})}\right\}=\boldsymbol{\Phi}'^{(1)}_{jm} \tag{2-152}$$

$$\mathrm{Re}\left\{\boldsymbol{X}'_{jm}\mathrm{e}^{\mathrm{i}(-\omega_{jm}t+\alpha_{jm})}\right\}=\boldsymbol{X}^{(1)}_{jm} \tag{2-153}$$

$$\mathrm{Re}\left\{\boldsymbol{\alpha}'_{jm}\mathrm{e}^{\mathrm{i}(-\omega_{jm}t+\alpha_{jm})}\right\}=\boldsymbol{\alpha}^{(1)}_{jm} \tag{2-154}$$

$$\mathrm{Re}\left\{\boldsymbol{F}'_{jm}\mathrm{e}^{\mathrm{i}(-\omega_{jm}t+\alpha_{jm})}\right\}=\boldsymbol{F}^{(1)}_{jm} \tag{2-155}$$

$$\mathrm{Re}\left\{\boldsymbol{M}'_{jm}\mathrm{e}^{\mathrm{i}(-\omega_{jm}t+\alpha_{jm})}\right\}=\boldsymbol{M}^{(1)}_{jm} \tag{2-156}$$

由一对具有$(a_{jm},\omega_{jm},\chi_m,\alpha_{jm})$和$(a_{kn},\omega_{km},\chi_n,\alpha_{kn})$的规则波引起的一阶波和运动响应产生的二阶波激振力可以写为

$$\begin{aligned}\boldsymbol{F}^{(2)}_{jkmn}=a_{jm}a_{kn}\{&\boldsymbol{P}^{+}_{jkmn}\cos[(\omega_{jm}+\omega_{kn})t-(\alpha_{jm}+\alpha_{kn})]+\\&\boldsymbol{Q}^{+}_{jkmn}\sin[(\omega_{jm}+\omega_{kn})t-(\alpha_{jm}+\alpha_{kn})]+\\&\boldsymbol{P}^{-}_{jkmn}\cos[(\omega_{jm}-\omega_{kn})t-(\alpha_{jm}-\alpha_{kn})]+\\&\boldsymbol{Q}^{-}_{jkmn}\sin[(\omega_{jm}-\omega_{kn})t-(\alpha_{jm}-\alpha_{kn})]\}\end{aligned} \tag{2-157}$$

其中,二阶波浪力的系数

$$\begin{aligned}(\boldsymbol{P}^{+}_{jkmn},\boldsymbol{Q}^{+}_{jkmn})=&-\frac{1}{4}\rho g\oint_{\mathrm{WL}}\zeta'_{\tau jm}\cdot\zeta'_{\tau kn}\boldsymbol{n}\mathrm{d}l+\frac{1}{4}\rho\iint_{S_0}[\nabla\Phi'_{jm}\cdot\nabla\Phi'_{kn}]\boldsymbol{n}\mathrm{d}S+\\&\frac{1}{2}\rho\iint_{S_0}\left[\boldsymbol{X}'_{jm}\cdot\nabla\frac{\partial\Phi'_{kn}}{\partial t}\right]\boldsymbol{n}\mathrm{d}S+\frac{1}{2}\boldsymbol{\alpha}'_{jm}\times\boldsymbol{F}'_{jm}\end{aligned} \tag{2-158}$$

$$\begin{aligned}(\boldsymbol{P}^{-}_{jkmn},\boldsymbol{Q}^{-}_{jkmn})=&-\frac{1}{4}\rho g\oint_{\mathrm{WL}}\zeta'_{\tau jm}\cdot\zeta'^{*}_{\tau kn}\boldsymbol{n}\mathrm{d}l+\frac{1}{4}\rho\iint_{S_0}[\nabla\Phi'_{jm}\cdot\nabla\Phi'^{*}_{kn}]\boldsymbol{n}\mathrm{d}S+\\&\frac{1}{2}\rho\iint_{S_0}\left[\boldsymbol{X}'_{jm}\cdot\nabla\frac{\partial\Phi'^{*}_{kn}}{\partial t}\right]\boldsymbol{n}\mathrm{d}S+\frac{1}{2}\boldsymbol{\alpha}'_{jm}\times\boldsymbol{F}'^{*}_{jm}\end{aligned} \tag{2-159}$$

二阶波矩的系数为

$$\begin{aligned}(\boldsymbol{P}^{+}_{jkmn},\boldsymbol{Q}^{+}_{jkmn})=&-\frac{1}{4}\rho g\oint_{\mathrm{WL}}\zeta'_{\tau jm}\cdot\zeta'_{\tau kn}(\boldsymbol{x}\times\boldsymbol{n})\mathrm{d}l+\frac{1}{4}\rho\iint_{S_0}[\nabla\Phi'_{jm}\cdot\nabla\Phi'_{kn}](\boldsymbol{x}\times\boldsymbol{n})\mathrm{d}S+\\&\frac{1}{2}\rho\iint_{S_0}\left[\boldsymbol{X}'_{jm}\cdot\nabla\frac{\partial\Phi'_{kn}}{\partial t}\right](\boldsymbol{x}\times\boldsymbol{n})\mathrm{d}S+\frac{1}{2}\boldsymbol{\alpha}'_{jm}\times\boldsymbol{M}'_{jm}\end{aligned} \tag{2-160}$$

$$\begin{aligned}(\boldsymbol{P}^{-}_{jkmn},\boldsymbol{Q}^{-}_{jkmn})=&-\frac{1}{4}\rho g\oint_{\mathrm{WL}}\zeta'_{\tau jm}\cdot\zeta'^{*}_{\tau kn}(\boldsymbol{x}\times\boldsymbol{n})\mathrm{d}l+\frac{1}{4}\rho\iint_{S_0}[\nabla\Phi'_{jm}\cdot\nabla\Phi'^{*}_{kn}](\boldsymbol{x}\times\boldsymbol{n})\mathrm{d}S+\\&\frac{1}{2}\rho\iint_{S_0}\left[\boldsymbol{X}'_{jm}\cdot\nabla\frac{\partial\Phi'^{*}_{kn}}{\partial t}\right](\boldsymbol{x}\times\boldsymbol{n})\mathrm{d}S+\frac{1}{2}\boldsymbol{\alpha}'_{jm}\times\boldsymbol{M}'^{*}_{jm}\end{aligned} \tag{2-161}$$

式(2-157)中,$\boldsymbol{Q}^{+}_{jkmn}$、$\boldsymbol{P}^{+}_{jkmn}$是和频力分量,而$\boldsymbol{Q}^{-}_{jkmn}$、$\boldsymbol{P}^{-}_{jkmn}$仅贡献差频力分量。在多个方向不规则波的情况下,总的二阶波波浪力(不包括二阶势分量)具有四倍求和形式:

$$\boldsymbol{F}^{(2)}(t)=\sum_{m=1}^{N_{\mathrm{d}}}\sum_{n=1}^{N_{\mathrm{d}}}\sum_{j=1}^{N_m}\sum_{k=1}^{N_n}\boldsymbol{F}^{(2)}_{jkmn}$$

$$=\sum_{m=1}^{N_{\rm d}}\sum_{n=1}^{N_{\rm d}}\sum_{j=1}^{N_m}\sum_{k=1}^{N_n}a_{jm}a_{kn}\{\boldsymbol{P}_{jkmn}^{+}\cos[(\omega_{jm}+\omega_{kn})t-(\alpha_{jm}+\alpha_{kn})]+$$
$$\boldsymbol{Q}_{jkmn}^{+}\sin[(\omega_{jm}+\omega_{kn})t-(\alpha_{jm}+\alpha_{kn})]+$$
$$\boldsymbol{P}_{jkmn}^{-}\cos[(\omega_{jm}-\omega_{kn})t-(\alpha_{jm}-\alpha_{kn})]+$$
$$\boldsymbol{Q}_{jkmn}^{-}\sin[(\omega_{jm}-\omega_{kn})t-(\alpha_{jm}-\alpha_{kn})]\} \tag{2-162}$$

其中,$N_{\rm d}$ 为波方向的数目;N_m、N_n 分别为第 m 和第 n 波方向的波分量的数目。

进一步引入用于广义多向波集的一组新的矩阵,其中定义了:

$$\boldsymbol{P}_{jkmn}^{+'}=\frac{1}{2}(\boldsymbol{P}_{jkmn}^{+}+\boldsymbol{P}_{kjnm}^{+})=\boldsymbol{P}_{kjnm}^{+'} \tag{2-163}$$

$$\boldsymbol{Q}_{jkmn}^{+'}=\frac{1}{2}\left(\boldsymbol{Q}_{jkmn}^{+}+\boldsymbol{Q}_{kjnm}^{+}\right)=\boldsymbol{Q}_{kjnm}^{+'} \tag{2-164}$$

$$\boldsymbol{P}_{jkmn}^{-'}=\frac{1}{2}(\boldsymbol{P}_{jkmn}^{-}+\boldsymbol{P}_{kjnm}^{-})=\boldsymbol{P}_{kjnm}^{-'} \tag{2-165}$$

$$\boldsymbol{Q}_{jkmn}^{-'}=\frac{1}{2}(\boldsymbol{Q}_{jkmn}^{-}+\boldsymbol{Q}_{kjnm}^{-})=\boldsymbol{Q}_{kjnm}^{-'} \tag{2-166}$$

其中,$\boldsymbol{P}_{jkmn}^{+'}$、$\boldsymbol{Q}_{jkmn}^{+'}$、$\boldsymbol{P}_{jkmn}^{-'}$ 关于 $(a_{jm},\omega_{jm},\chi_m,\alpha_{jm})$ 和 $(a_{kn},\omega_{kn},\chi_n,\alpha_{kn})$ 波对称,而 $\boldsymbol{Q}_{jkmn}^{-'}$ 是关于这对波的斜对称。利用上述定义,式(2-162)可以改写为

$$\boldsymbol{F}^{(2)}(t)=\sum_{m=1}^{N_{\rm d}}\sum_{n=1}^{N_{\rm d}}\sum_{j=1}^{N_m}\sum_{k=1}^{N_n}a_{jm}a_{kn}\{\boldsymbol{P}_{jkmn}^{+'}\cos[(\omega_{jm}+\omega_{kn})t-(\alpha_{jm}+\alpha_{kn})]+$$
$$\boldsymbol{Q}_{jkmn}^{+'}\sin[(\omega_{jm}+\omega_{kn})t-(\alpha_{jm}+\alpha_{kn})]+$$
$$\boldsymbol{P}_{jkmn}^{-'}\cos[(\omega_{jm}-\omega_{kn})t-(\alpha_{jm}-\alpha_{kn})]+$$
$$\boldsymbol{Q}_{jkmn}^{-'}\sin[(\omega_{jm}-\omega_{kn})t-(\alpha_{jm}-\alpha_{kn})]\} \tag{2-167}$$

2.4.2.3 平均波浪漂移力(近场解)

如单向平均波漂移力(远场解)中所讨论的,远场解方法具有若干限制。然而,根据平均湿表面积分法,浮体在所有运动方向上的平均波浪漂移力和力矩的更一般形式可作为式(2-157)至式(2-167)中的特例给出,其中 $\omega_{jm}(j=k)$ 且和频力分量被排除在外。

在这种情况下,平均漂移力系数 QTF 矩阵可以表示为

$$\boldsymbol{P}_{jj}^{-'}=(P_{jjmn}^{-'}) \tag{2-168}$$

$$\boldsymbol{Q}_{jj}^{-'}=(Q_{jjmn}^{-'})\qquad m=1,2,\cdots,N_{\rm d}\text{且}n=1,2,\cdots,N_{\rm d} \tag{2-169}$$

其中,$\boldsymbol{P}_{jj}^{-'}$ 是对称矩阵,而 $\boldsymbol{Q}_{jj}^{-'}$ 是反对称矩阵。

根据式(2-167),平均漂移力和力矩表示为三重求和:

$$\overline{\boldsymbol{F}^{(2)}}=\sum_{m=1}^{N_{\rm d}}\sum_{n=1}^{N_{\rm d}}\sum_{j=1}^{N_{\rm w}}a_{jm}a_{jn}[\boldsymbol{P}_{jjmn}^{-'}\cos(\alpha_{jm}-\alpha_{kn})-\boldsymbol{Q}_{jkmn}^{-'}\sin(\alpha_{jm}-\alpha_{kn})]$$
$$=\sum_{m=1}^{N_{\rm d}}\sum_{n=1}^{N_{\rm d}}\sum_{j=1}^{N_{\rm w}}\overline{\boldsymbol{f}^{(2)}(\omega_j;\beta_m,\beta_n)} \tag{2-170}$$

其中,每个单独的波方向的波分量的数量是相同的($N_m=N_n=N_{\rm w}$)。

对于长波峰波情况($N_{\rm d}=1$),平均漂移力可进一步简化为

$$\overline{\boldsymbol{F}^{(2)}}=\sum_{j=1}^{N_{\mathrm{w}}}a_{j1}^{2}\boldsymbol{P}_{jj11}^{-'}\tag{2-171}$$

2.4.2.4　推广的纽曼(Newman)近似

在时域分析中,波方向角 χ_m 和 χ_n 应被视为每个时间步长处波传播方向和浮体方向之间的相对方向。因此,覆盖所有可能的相对方向的 $\boldsymbol{P}_{jkmn}^{\pm'}$、$\boldsymbol{Q}_{jkmn}^{\pm'}$ 的频域数据库应当在任何时域分析之前创建。然后,可以通过数据库插值来估计在时间步长处的任何实际浮体位置处的 $\boldsymbol{P}_{jkmn}^{\pm'}$、$\boldsymbol{Q}_{jkmn}^{\pm'}$ 值。然而,即使使用这种数据库插值处理,由于大的处理和存储器需求,式(2-167)中给出的四重求和形式仍然难以应用于数值时域模拟过程。

对于单向波的情况,纽曼近似在实践中经常使用。这使得非对角差频 QTF 值成为对应对角值的平均值:

$$\boldsymbol{P}_{jkmm}^{-'}=\frac{1}{2}(\boldsymbol{P}_{jjmm}^{-'}+\boldsymbol{P}_{kkmm}^{-'})\quad m=1\tag{2-172}$$

在差频二阶力计算的近似值中,不包括异相项 $\boldsymbol{Q}_{jkmm}^{-''}$,因为 $\boldsymbol{Q}_{jjmm}^{-'}=\boldsymbol{Q}_{kkmm}^{-'}=0$。

纽曼近似被扩展到用于差频 QTF 评估的多方向波情况:

$$\boldsymbol{P}_{jkmn}^{-'}=\frac{1}{2}(\boldsymbol{P}_{jjmn}^{-'}+\boldsymbol{P}_{kknm}^{-'})\tag{2-173}$$

$$\boldsymbol{Q}_{jkmn}^{-'}=\frac{1}{2}(\boldsymbol{Q}_{jjmn}^{-'}-\boldsymbol{Q}_{kknm}^{-'})\tag{2-174}$$

在上述式子中,还定义了异相项 $\boldsymbol{Q}_{jkmn}^{-'}$,因为 $\boldsymbol{Q}_{jjmn}^{-'}$、$\boldsymbol{Q}_{kknm}^{-'}$(其中 $m\neq n$)不一定为零。然而,很容易观察到,当考虑长波峰波(m=n=1)时,这个扩展的近似值将与式(2-172)中的原始近似值完全相同。利用式(2-173)和式(2-174)中的差频 QTF 元素的简化表达式,式(2-163)至式(2-166)所示的对称性质相对于具有不同频率和波方向的一对波仍然是正确的:

$$\boldsymbol{P}_{jkmn}^{-'}=\boldsymbol{P}_{kjnm}^{-'}\tag{2-175}$$

$$\boldsymbol{Q}_{jkmn}^{-'}=\boldsymbol{Q}_{kjnm}^{-''}\tag{2-176}$$

c_{jm}、s_{jm} 可表示为 $c_{jm}=a_{jm}\sin(\omega_{jm}t-a_{jm})$ 和 $s_{jm}=a_{jm}\cos(\omega_{jm}t-a_{jm})$,并将式(2-173)和式(2-174)代入式(2-167),仅用于差频二阶力和力矩,有:

$$\begin{aligned}\boldsymbol{F}^{(2)}(t)&=\frac{1}{2}\sum_{m=1}^{N_{\mathrm{d}}}\sum_{n=1}^{N_{\mathrm{d}}}\sum_{j=1}^{N_m}\sum_{k=1}^{N_n}\left\{\begin{array}{l}(c_{jm}c_{kn}+s_{jm}s_{kn})(\boldsymbol{P}_{jjmn}^{-'}+\boldsymbol{P}_{kknm}^{-'})+\\(s_{jm}c_{kn}-c_{jm}s_{kn})(\boldsymbol{Q}_{jjmn}^{-'}+\boldsymbol{Q}_{kknm}^{-'})\end{array}\right\}\\&=\sum_{m=1}^{N_{\mathrm{d}}}\left\{\sum_{j=1}^{N_m}c_{jm}\times\left[\sum_{n=1}^{N_{\mathrm{d}}}\sum_{k=1}^{N_n}(c_{kn}\boldsymbol{P}_{kknm}^{-'}-s_{kn}\boldsymbol{Q}_{kknm}^{-'})\right]\right\}+\\&\quad\sum_{m=1}^{N_{\mathrm{d}}}\left\{\left(\sum_{j=1}^{N_m}s_{jm}\right)\times\left[\sum_{n=1}^{N_{\mathrm{d}}}\sum_{k=1}^{N_n}(s_{kn}\boldsymbol{P}_{kknm}^{-'}+c_{kn}\boldsymbol{Q}_{kknm}^{-'})\right]\right\}\end{aligned}\tag{2-177}$$

将式(2-177)与式(2-167)进行比较,观察到针对第 m 个方向波的频率的求和已经与针对第 n 个(n=1, 2, ⋯, N_{d})方向波的频率的求和解耦,这将四重求和转换为三重求和,因此大大提高了数值计算效率。此外,当采用式(2-177)时,需要 $\boldsymbol{P}_{kknm}^{-'}$、$\boldsymbol{Q}_{kknm}^{-'}$ 的平均 QTF 矩阵,而不是使用 $\boldsymbol{P}_{jkmn}^{-'}$、$\boldsymbol{Q}_{jkmn}^{-'}$ 的四维元素来获得差频漂移力,这显著降低了存储器缓冲器和硬盘要求。

2.4.3 莫里森荷载

当结构部件的特征直径小于最短波长的 1/5 时,莫里森方程方法被广泛用于细长体部件。在该方程中,拖曳荷载分量由黏性引起,与流体质点和结构表面之间的相对速度成比例,并且当构件细长且波幅大时变得重要。作用在细长构件横截面上的流体力的莫里森方程为

$$\begin{aligned}\mathrm{d}F &= \frac{1}{2}\rho DC_\mathrm{d}\left|u_\mathrm{f}-u_\mathrm{s}\right|(u_\mathrm{f}-u_\mathrm{s})+\rho AC_\mathrm{m}\dot{u}_\mathrm{f}-\rho A(C_\mathrm{m}-1)\dot{u}_\mathrm{s}\\ &= \frac{1}{2}\rho DC_\mathrm{d}\left|u_\mathrm{f}-u_\mathrm{s}\right|(u_\mathrm{f}-u_\mathrm{s})+\rho A(1+C_\mathrm{a})\dot{u}_\mathrm{f}-\rho AC_\mathrm{a}\dot{u}_\mathrm{s}\end{aligned} \tag{2-178}$$

其中,C_d 为拖曳力系数;D 为拖曳力特征直径;u_f 为流体质点横向速度;$\dot{u}_\mathrm{f}$ 为流体质点横向加速度;C_a 为附加质量系数;u_s 为结构横向速度;$\dot{u}_\mathrm{s}$ 为结构横向加速度;C_m 为惯性力系数,$C_\mathrm{m}=C_\mathrm{a}+1$;$A$ 为横截面积。

惯性力系数和拖曳力系数是根据经验估算的,并受雷诺数、科勒根-卡朋特(Keulegan-Carpenter)数等参数的影响。在实际应用中,正常尺寸圆柱管的惯性力系数和拖曳力系数可分别近似为 2.0(或 $C_\mathrm{a}=1.0$)和 0.75。

如图 2-5 所示,在右手局部轴框架中,原点 A 位于元素的第 1 个节点上,局部 x 轴指向第 2 个节点。对于圆柱管,局部 y 轴与局部 x 轴成直角,局部 z 轴与局部 XOY 平面正交;对于局部 x 轴与全局 z 轴平行的特殊情况,局部 y 轴将与全局 y 轴在同一方向上。

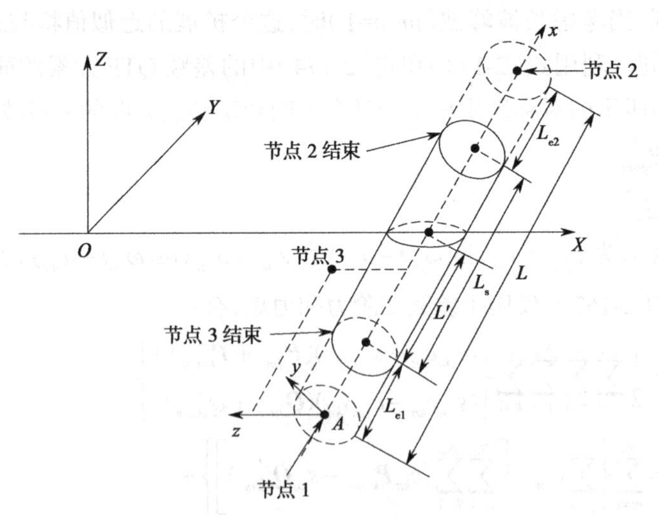

图 2-5 圆柱管局部坐标系

参照圆柱管局部坐标系,通过对淹没长度 L' 上的截面力和力矩积分,得到的水动力和力矩如下:

$$F_y=\int_{L_{e1}}^{L'+L_{e1}}\left\{\frac{1}{2}\rho D_yC_{\mathrm{d}y}\left|\boldsymbol{u}_\mathrm{f}-\boldsymbol{u}_\mathrm{s}\right|(u_{\mathrm{f}y}-u_{\mathrm{s}y})+\rho AC_{\mathrm{m}y}\dot{u}_{\mathrm{f}y}-\rho A(C_{\mathrm{m}y}-1)\dot{u}_{\mathrm{s}y}\right\}\mathrm{d}x \tag{2-179}$$

$$F_z=\int_{L_{e1}}^{L'+L_{e1}}\left\{\frac{1}{2}\rho D_zC_{\mathrm{d}z}\left|\boldsymbol{u}_\mathrm{f}-\boldsymbol{u}_\mathrm{s}\right|(u_{\mathrm{f}z}-u_{\mathrm{s}z})+\rho AC_{\mathrm{m}z}\dot{u}_{\mathrm{f}z}-\rho A(C_{\mathrm{m}z}-1)\dot{u}_{\mathrm{s}z}\right\}\mathrm{d}x \tag{2-180}$$

$$M_y = \int_{L_{e1}}^{L'+L_{e1}} \left\{ \frac{1}{2}\rho D_z C_{dz} \left| \boldsymbol{u}_f - \boldsymbol{u}_s \right| (u_{fz} - u_{sz}) + \rho A C_{mz} \dot{u}_{fz} - \rho A (C_{mz} - 1) \dot{u}_{sz} \right\} x\mathrm{d}x \qquad (2\text{-}181)$$

$$M_z = -\int_{L_{e1}}^{L'+L_{e1}} \left\{ \frac{1}{2}\rho D_y C_{dy} \left| \boldsymbol{u}_f - \boldsymbol{u}_s \right| (u_{fy} - u_{sy}) + \rho A C_{my} \dot{u}_{fy} - \rho A (C_{my} - 1) \dot{u}_{sy} \right\} x\mathrm{d}x \qquad (2\text{-}182)$$

2.5　系泊荷载

2.5.1　准静态悬链线

该方程可用系泊局部坐标系 *MXYZ* 表示，该系泊坐标系 X 轴为连接两附着点的矢量在海床上的投影，Z 轴垂直向上。在原点处，悬链线剖面的斜率为零，即 $\dfrac{\mathrm{d}Y}{\mathrm{d}X}=0$，如图 2-6 所示。对于在海床上具有零斜率接触/附着点的悬链线，有

$$H_2 = EA\sqrt{\left(\frac{T_2}{EA}+1\right)^2 - \frac{2wZ_2}{EA}} - EA = H \qquad (2\text{-}183)$$

$$X_2 = \frac{H_2}{w}\sinh^{-1}\frac{wL}{H_2} + \frac{H_2 L}{EA} \qquad (2\text{-}184)$$

$$V_2 = wL \qquad (2\text{-}185)$$

$$T_2 = \sqrt{H_2^2 + V_2^2} \qquad (2\text{-}186)$$

其中，L 为从原点到附着点 (X_2, Z_2) 的未拉伸的悬挂长度（对于给定点 (X_2, Z_2) 的张力 $\boldsymbol{T}_2 = (H_2, V_2) = (H, V_2)$）；$w$ 为单位长度的淹没重量；EA 为单位长度的刚度。

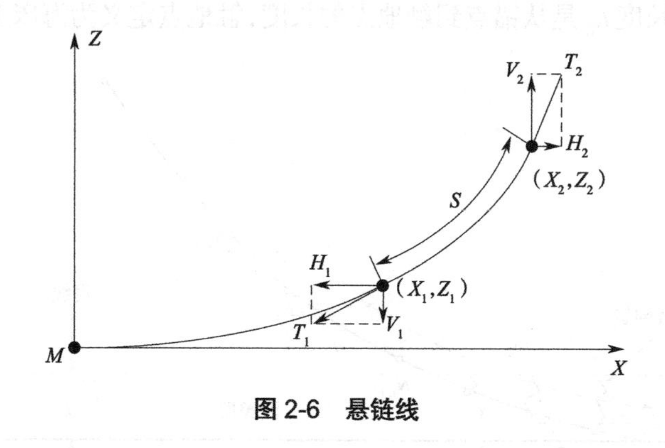

图 2-6　悬链线

悬链线的伸展长度

$$L' = L + \frac{1}{2wEA}\left\{ wL\sqrt{H^2+(wL)^2} + H^2 \ln\left[wL + \sqrt{H^2+(wL)^2} \right] - H^2 \ln|H| \right\} \qquad (2\text{-}187)$$

当悬链线段距其右上端 (X_2, Z_2) 的未拉伸长度为 S 时，其中 S 短于理论未拉伸悬挂长度 L，并且右上端的张力已知，该段左下端的位置为

$$\begin{cases} X_1 = \dfrac{H}{w}\ln\dfrac{V_2+T_2}{V_1+T_1}+\dfrac{HS}{EA} \\ Y_1 = \dfrac{V_2+V_1}{T_2+T_1}S+S\dfrac{V_2+V_1}{2EA} \end{cases} \tag{2-188}$$

左手端张力的水平和垂直分量分别为

$$H_1 = H \tag{2-189}$$

$$V_1 = V_2 - wS \tag{2-190}$$

$$T_1 = \sqrt{H_1^2+V_1^2} \tag{2-191}$$

该悬链线段的拉伸长度

$$S' = S + \frac{1}{2wEA}\left(V_2T_2 - V_1T_1 + H^2\ln\frac{V_2+T_2}{V_1+T_1}\right) \tag{2-192}$$

2.5.2 动态系泊线

在缆绳运动分析中时，缆绳质量、拖曳力、线弹性张力和弯矩的影响被考虑在内。作用在缆绳上的力将随时间变化，并且缆绳通常将以非线性方式响应。图 2-7 显示了动态缆绳在固定坐标系上的离散形式。每条动态系泊线都被建模为受各种外力作用的莫里森单元。$\hat{\boldsymbol{a}}_j=(a_1,a_2,a_3)$为固定坐标系第 j 个节点到第(j+1)个节点的单位矢量，S_j为锚点(或结构上的第 1 个附着点)到第 j 个节点的未拉伸缆长。海床被认为是水平而平坦的。利用各节点上的泥线弹簧模拟海床对系泊线的反作用力。如果缆绳单元节点位于泥线水平以下，则每个泥线弹簧安装在人工泥层的顶部和缆绳单元之间。泥层的深度 $\hat{z}$ 在海床之上。动力系泊线在海床上的躺地长度 L_{B} 是从锚点到触地点的长度，触地点定义为海床上方 $0.28\hat{z}$。

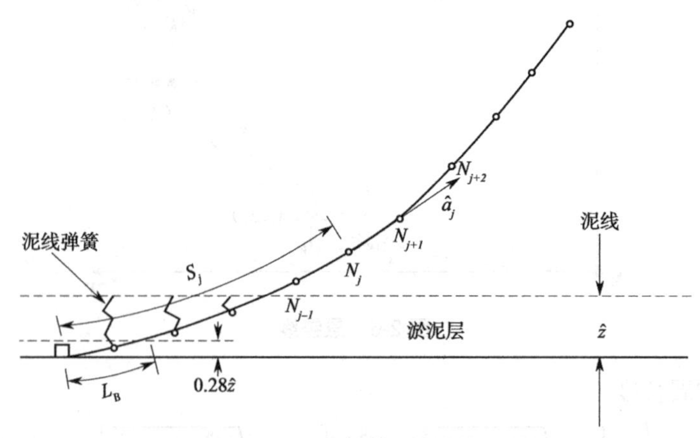

图 2-7 动态缆绳的建模

图 2-8 所示为圆形细长缆索的一个单元，它受到外部水动力荷载和结构惯性荷载的作用(扭转变形不包括在动力系泊线的分析中)。该缆绳单元的运动方程为

$$\frac{\partial \boldsymbol{T}}{\partial s_{\mathrm{e}}}+\frac{\partial \boldsymbol{V}}{\partial s_{\mathrm{e}}}+\boldsymbol{w}+\boldsymbol{F}_{\mathrm{h}} = m\frac{\partial^2 \boldsymbol{R}}{\partial t^2} \tag{2-193}$$

$$\frac{\partial \boldsymbol{M}}{\partial s_{\mathrm{e}}}+\frac{\partial \boldsymbol{R}}{\partial s_{\mathrm{e}}} \times \boldsymbol{V}=-\boldsymbol{q} \tag{2-194}$$

其中，m 为单位长度的结构质量；$\boldsymbol{q}$ 为单位长度的分布弯矩荷载；$\boldsymbol{R}$ 为缆绳单元第一节点的位置向量；s_{e} 为单元的长度；$\boldsymbol{w}$、$\boldsymbol{F}_{\mathrm{h}}$ 分别为单元重量和单位长度的水动力荷载向量；$\boldsymbol{T}$ 为单元第一节点的拉力向量；$\boldsymbol{M}$ 为单元第一节点的弯矩向量；$\boldsymbol{V}$ 为单元第一节点的剪力向量。

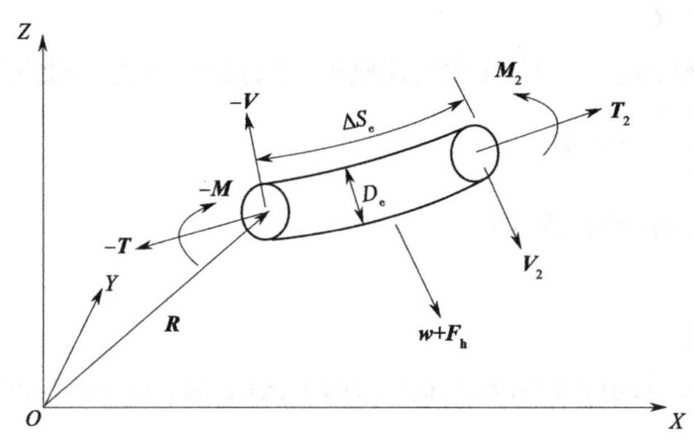

图 2-8 缆绳单元上的力

弯矩和拉力通过以下关系与索材料的抗弯刚度和轴向刚度有关：

$$\boldsymbol{M}=EI\frac{\partial \boldsymbol{R}}{\partial s_{\mathrm{e}}} \times \frac{\partial^{2} \boldsymbol{R}}{\partial s_{\mathrm{e}}^{2}} \tag{2-195}$$

$$\boldsymbol{T}=EA\varepsilon \tag{2-196}$$

其中，ε 为单元的轴向应变。

为了确保式(2-193)和式(2-194)有唯一解，在顶端和底端施加连接边界条件：

$$\begin{cases}\boldsymbol{R}(0)=\boldsymbol{P}_{\mathrm{bot}} \\ \boldsymbol{R}(L)=\boldsymbol{P}_{\mathrm{top}} \\ \dfrac{\partial^{2} \boldsymbol{R}(0)}{\partial s_{\mathrm{e}}^{2}}=\mathbf{0} \\ \dfrac{\partial^{2} \boldsymbol{R}(L)}{\partial s_{\mathrm{e}}^{2}}=\mathbf{0}\end{cases} \tag{2-197}$$

其中，$\boldsymbol{P}_{\mathrm{bot}}$、$\boldsymbol{P}_{\mathrm{top}}$ 为缆绳连接点的位置；L 为总的未伸长长度。

采用离散集中质量模型，对受弯缆绳的动力响应进行了数值求解。如图 2-7 所示，缆绳被离散成许多有限元，每个单元的质量集中到相应的节点上。单元 j 的轴向向量 $\hat{\boldsymbol{a}}_{j}$ 对应于该单元从一个单元到下一个单元的斜率，有

$$\hat{\boldsymbol{a}}_{j}=\frac{\boldsymbol{R}_{j+1}-\boldsymbol{R}_{j}}{L_{j}} \tag{2-198}$$

其中，未伸长的单元长度为 $\Delta s_{\mathrm{e}j} \approx L_{j}=\left|\boldsymbol{R}_{j+1}-\boldsymbol{R}_{j}\right|$。

节点 j 处的曲率向量 $\boldsymbol{C}_{j}$ 由斜率变化率给出，斜率变化率可由沿两相邻单元的单位向量的交叉积计算，即

$$C_j=-\frac{\partial \boldsymbol{R}}{\partial s_e}\times\frac{\partial^2 \boldsymbol{R}}{\partial s_e^2}\bigg|_j=\frac{1}{\bar{L}_j}\hat{\boldsymbol{a}}_j\times\hat{\boldsymbol{a}}_{j-1} \tag{2-199}$$

第 j 节点的有效长度 $\bar{L}_j=\frac{L_j+L_{j-1}}{2}$。

假定 EI 在两个相邻单元之间是常数。根据式(2-195),节点 j 处的弯矩

$$\boldsymbol{M}_j=-(EI)_j\boldsymbol{C}_j \tag{2-200}$$

对于一般构型的缆绳,轴向刚度 EA 比弯曲刚度 EI 的数量级高,因此可以假定轴向应变较小,弯曲刚度因子 $\frac{(EI)_j}{\bar{L}_j}$ 为常数。

引入 3×3 轴向和法向张量,如

$$\boldsymbol{A}_j=\hat{\boldsymbol{a}}_j^{\mathrm{T}}\hat{\boldsymbol{a}}_j \tag{2-201}$$

$$\boldsymbol{N}_j=\boldsymbol{I}-\boldsymbol{A}_j \tag{2-202}$$

如果分布弯矩为零,由式(2-193)、式(2-194)、式(2-201)和式(2-202),单元 j 上的剪力矩阵形式表示为

$$\boldsymbol{V}_{(j)}=-\frac{1}{L_j}\boldsymbol{N}_j\left[(EI)_{j+1}\frac{1}{\bar{L}_{j+1}}\hat{\boldsymbol{a}}_{j+1}^{\mathrm{T}}+(EI)_j\frac{1}{\bar{L}_j}\hat{\boldsymbol{a}}_{j-1}^{\mathrm{T}}\right] \tag{2-203}$$

对式(2-193)给出的运动方程的两边进行积分,对于单元 j,该单元相对于其两端的运动可以用矩阵形式表示:

$$\begin{pmatrix}-T_j\hat{\boldsymbol{a}}_j^{\mathrm{T}}\\ T_{j+1}\hat{\boldsymbol{a}}_j^{\mathrm{T}}\end{pmatrix}+\begin{pmatrix}-\boldsymbol{V}_j\\ \boldsymbol{V}_{j+1}\end{pmatrix}+\frac{L_j}{2}\begin{pmatrix}(\boldsymbol{w}+\boldsymbol{F}_{\mathrm{h}})^{\mathrm{T}}\\ (\boldsymbol{w}+\boldsymbol{F}_{\mathrm{h}})^{\mathrm{T}}\end{pmatrix}=\frac{mL_j}{2}\frac{\partial^2}{\partial t^2}\begin{pmatrix}\boldsymbol{R}_j^{\mathrm{T}}\\ \boldsymbol{R}_{j+1}^{\mathrm{T}}\end{pmatrix} \tag{2-204}$$

为了保持通用性,假设节点 j 处有一个中间的集中/浮标重量,但节点 j+1 处没有集中/浮标质量附着。此集中/浮标的质量为 M,则单元 j 在节点 j 和节点 j+1 处的总重力在固定参考系上以 6×1 矩阵形式表示为

$$\boldsymbol{w}=(\boldsymbol{w}_j\quad \boldsymbol{w}_{j+1})^{\mathrm{T}}=\left(0\quad 0\quad -\frac{1}{2}(mL_j+M)g\quad 0\quad 0\quad -\frac{1}{2}mL_jg\right)^{\mathrm{T}} \tag{2-205}$$

忽略波浪对缆绳的激振力,因此,在式(2-204)中,作用在缆绳单元上的水动力 F_{h} 由浮力、拖曳力和(附加质量相关的)辐射力组成,例如:

$$\boldsymbol{F}_{\mathrm{h}}=\boldsymbol{F}_{\mathrm{b}}+\boldsymbol{F}_{\mathrm{d}}-\boldsymbol{m}_{\mathrm{a}}(\boldsymbol{a}_j\quad \boldsymbol{a}_{j+1})^{\mathrm{T}} \tag{2-206}$$

其中,$\boldsymbol{m}_{\mathrm{a}}$ 为包括附加的中间块重量/浮标的附加质量贡献的缆绳单元附加质量矩阵;$\boldsymbol{a}_j$ 为缆绳在节点 j 处的加速度。

系泊线的等效截面积为 A_{cj},中间块/浮标的质量为 M_{b},则单元浮力矩阵

$$\boldsymbol{F}_{\mathrm{b}}=\left(0\quad 0\quad \frac{1}{2}(\rho_{\mathrm{w}}A_{cj}L_j+M_{\mathrm{b}})g\quad 0\quad 0\quad \frac{1}{2}\rho_{\mathrm{w}}A_{cj}L_jg\right)^{\mathrm{T}} \tag{2-207}$$

系泊线单元上的随时间变化的拖曳力用简化形式表示为

$$\boldsymbol{F}_{\mathrm{d}}(t)=\begin{pmatrix}\boldsymbol{f}_{\mathrm{d}}(j)-\frac{1}{2}C_{\mathrm{dc}}S_{\mathrm{c}}\rho_{\mathrm{w}}\left|\boldsymbol{U}_j(t)-\boldsymbol{V}_j\right|[\boldsymbol{U}_j(t)-\boldsymbol{V}_j]\\ \boldsymbol{f}_{\mathrm{d}}(j+1)\end{pmatrix} \tag{2-208}$$

其中，$\boldsymbol{V}_j(t)$ 为节点 j 处 t 时刻结构速度的矩阵形式，$\boldsymbol{V}_j(t)=\left(v_{xj}(t) \quad v_{yj}(t) \quad v_{zj}(t)\right)^{\mathrm{T}}$；$\boldsymbol{U}_j$ 为节点 j 所在位置流速的矩阵形式，$\boldsymbol{U}_j=(U_{xj} \quad U_{uj} \quad 0)^{\mathrm{T}}$；$C_{\mathrm{dc}}$ 为具有相应投影表面积 S_{c} 的集中块/浮标（附着在节点 j 处）的拖曳力系数；$f_{\mathrm{d}}(j)$ 为连接到系泊线单元的节点 j 上的拖曳力

$$\begin{aligned}\boldsymbol{f}_{\mathrm{d}}(j)=&-\frac{1}{4}C_{\mathrm{x}}\rho_{\mathrm{w}}D_jL_j\left|\boldsymbol{A}_j[\boldsymbol{U}_j(t)-\boldsymbol{V}_j(t)]\right|\boldsymbol{A}_j[\boldsymbol{U}_j(t)-\boldsymbol{V}_j(t)]-\\&\frac{1}{4}C_{\mathrm{d}}\rho_{\mathrm{w}}D_jL_j\left|\boldsymbol{N}_j[\boldsymbol{U}_j(t)-\boldsymbol{V}_j(t)]\right|\boldsymbol{N}_j[\boldsymbol{U}_j(t)-\boldsymbol{V}_j(t)]\end{aligned} \tag{2-209}$$

其中，C_{d}、C_{x} 分别为横向拖曳力系数和纵向拖曳力系数。

海床对系泊线的反作用力由泥层内每个节点处的弹簧来模拟。如果节点 j 的位置为 $\boldsymbol{R}_j=(x_j,y_j,z_j)$，水深为 d，泥层深度为 $\hat{z}$，则节点 j 处泥产生的反作用力的大小定义为

$$F_{zj}=\begin{cases}0 & \text{节点}j\text{ 在淤泥层以上}\\ \dfrac{m'g}{2}\left[d+z_j+\dfrac{\hat{z}}{\pi}\sin 2\theta\right] & \text{节点}j\text{ 在淤泥层下}\\ \dfrac{m'g}{2}\left[\hat{z}+2(d+z_j)\right] & \text{节点}j\text{ 在海床以下}\end{cases} \tag{2-210}$$

其中，m' 为节点 j 处的净质量，即 m' = 结构质量 − 水的位移质量；$\theta=-\dfrac{\pi(d+z_j)}{2\hat{z}}$。还假设泥线弹簧是临界阻尼，其中在垂直方向上节点 j 处的阻尼力定义为

$$F_{zj}=\begin{cases}0 & \text{节点}j\text{ 在淤泥层以上}\\ -4m_{tj}v_{sj}(t)\sin^2\theta & \text{节点}j\text{ 在淤泥层上}\\ -4m_{tj}v_{sj}(t) & \text{节点}j\text{ 在海床以下}\end{cases} \tag{2-211}$$

其中，m_{tj} 为节点 j 处结构质量和附加质量的总和。

采用库仑摩擦力模型估算海底动态缆绳的摩擦力。库仑函数

$$F_{\mathrm{f}}=\mu F_z \tag{2-212}$$

其中，μ 为恒定摩擦系数；F_z 为海床法向反作用力的大小。

摩擦力的方向与海底缆绳的平面内速度相反，因此式（2-212）可以改写为

$$\boldsymbol{F}_{\mathrm{f}}=-\mu F_z\frac{\boldsymbol{V}}{V} \tag{2-213}$$

其中，$\boldsymbol{V}$ 为海床上系泊线的躺底段的面内速度，$V=|\boldsymbol{V}|$。

为了避免滑动速度或运动方向改变时的数值不稳定性问题，摩擦力被设置为在过渡区内线性或非线性变化。通过引入单参数转换函数，扩展的库仑摩擦模型表示为

$$\boldsymbol{F}_{\mathrm{f}}=-\mu F_z p\left(\frac{V}{C_V}\right)\frac{\boldsymbol{V}}{V} \tag{2-214}$$

其中，C_V 为斜坡速度阈值（或临界速度）；$p\left(\dfrac{V}{C_V}\right)$ 为满足 $p(0)=0$、$p(1)=1$ 的过渡函数，如图 2-9 所示。

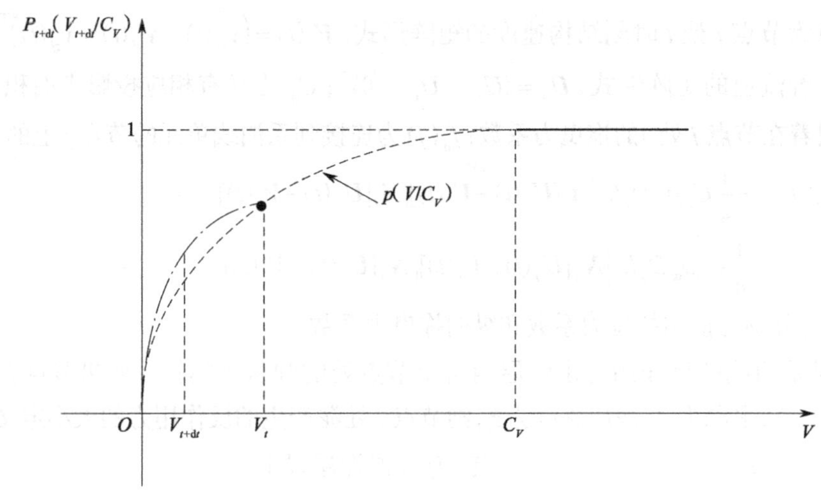

图 2-9 双二次转移函数

2.6 时域分析

如果时域分析中外力不是周期性的等幅值,则浮式结构系统的运动方程用卷积积分形式表示为

$$\{\boldsymbol{m}+\boldsymbol{A}_{\infty}\}\ddot{\boldsymbol{X}}(t)+\boldsymbol{c}\dot{\boldsymbol{X}}(t)+\boldsymbol{K}\boldsymbol{X}(t)+\int_0^t \boldsymbol{R}(t-\tau)\dot{\boldsymbol{X}}(\tau)d\tau=\boldsymbol{F}(t) \tag{2-215}$$

其中,$\boldsymbol{m}$为结构质量矩阵;$\boldsymbol{A}_{\infty}$为无限频率下的流体附加质量矩阵;$\boldsymbol{c}$为除了绕射面元引起的线性辐射阻尼之外的阻尼矩阵;$\boldsymbol{K}$为总刚度矩阵;$\boldsymbol{R}$为速度脉冲函数矩阵;$\boldsymbol{F}(t)$为合外力。可替代的加速度脉冲函数矩阵可以在运动方程中采用。

$$\boldsymbol{h}(t)=\frac{2}{\pi}\int_0^{\infty}\boldsymbol{B}(\omega)\frac{\sin(\omega t)}{\omega}\mathrm{d}\omega=\frac{2}{\pi}\int_0^{\infty}[\boldsymbol{A}(\omega)-\boldsymbol{A}_{\infty}]\cos(\omega t)\mathrm{d}\omega \tag{2-216}$$

其中,$\boldsymbol{h}(t)$为加速度脉冲函数;$\boldsymbol{A}(\omega)$、$\boldsymbol{B}(\omega)$为附加质量和水动力阻尼矩阵。

2.6.1 时域分析中的惯性力

考虑一个任意质量的模型,其重心随速度阵列$\boldsymbol{V}_g$在固定坐标系上移动。时间t处的该速度矩阵可以被写为

$$\boldsymbol{V}_g^{\mathrm{T}}(t)=\begin{pmatrix}\boldsymbol{v}(t)\\ \boldsymbol{\omega}(t)\end{pmatrix}^{\mathrm{T}}=(v_x \quad v_y \quad v_z \quad \omega_x \quad \omega_y \quad \omega_z) \tag{2-217}$$

速度矩阵由3个平移速度分量和3个旋转速度分量组成。

时间t的动量表示为

$$\boldsymbol{P}(t)=\boldsymbol{M}(t)\boldsymbol{V}_g(t) \tag{2-218}$$

其中,$\boldsymbol{M}(t)$为固定坐标系上时间的质量矩阵。

在下一个时间步$t+\Delta t$,动量为

$$\boldsymbol{P}(t+\Delta t)=\boldsymbol{M}(t+\Delta t)\boldsymbol{V}_g(t+\Delta t)$$

$$=\begin{pmatrix} \boldsymbol{D}^{\mathrm{T}}(t) & 0 \\ 0 & \boldsymbol{D}^{\mathrm{T}}(t) \end{pmatrix} \boldsymbol{M}(t) \begin{pmatrix} \boldsymbol{D}(t) & 0 \\ 0 & \boldsymbol{D}(t) \end{pmatrix} [\boldsymbol{V}_g + \dot{\boldsymbol{V}}_g(t)\Delta t] \tag{2-219}$$

其中，$\boldsymbol{D}(t)$为结构从时间t的位置到下一时间步长$t+\Delta t$的位置的方向余弦矩阵。关于Δt的一阶方向余弦矩阵可以简化为

$$\begin{pmatrix} \boldsymbol{D} & 0 \\ 0 & \boldsymbol{D} \end{pmatrix} = \begin{pmatrix} \boldsymbol{I}+\boldsymbol{\Omega}\Delta t & 0 \\ 0 & \boldsymbol{I}+\boldsymbol{\Omega}\Delta t \end{pmatrix} \tag{2-220}$$

其中，$\boldsymbol{\Omega} = \begin{pmatrix} 0 & \omega_z & -\omega_y \\ -\omega_z & 0 & \omega_x \\ \omega_y & -\omega_x & 0 \end{pmatrix}$，是斜对称的，即

$$\boldsymbol{\Omega}^{\mathrm{T}} = -\boldsymbol{\Omega} \tag{2-221}$$

将式（2-220）和式（2-221）代入式（2-219）得

$$\boldsymbol{P}(t+\Delta t) = \begin{pmatrix} \boldsymbol{I}-\boldsymbol{\Omega}\Delta t & 0 \\ 0 & \boldsymbol{I}-\boldsymbol{\Omega}\Delta t \end{pmatrix} \boldsymbol{M}(t) - \begin{pmatrix} \boldsymbol{I}+\boldsymbol{\Omega}\Delta t & 0 \\ 0 & \boldsymbol{I}+\boldsymbol{\Omega}\Delta t \end{pmatrix} [\boldsymbol{V}_g(t) + \dot{\boldsymbol{V}}_g(t)\Delta t] \tag{2-222}$$

进一步将该表达式分解为关于Δt的一阶项，有

$$\boldsymbol{P}(t+\Delta t) = \boldsymbol{M}(t)\boldsymbol{V}_g(t) - \left[\begin{pmatrix} \boldsymbol{\Omega} & 0 \\ 0 & \boldsymbol{\Omega} \end{pmatrix} \boldsymbol{M}(t)\boldsymbol{V}_g(t) - \boldsymbol{M}(t) \begin{pmatrix} \boldsymbol{\Omega} & 0 \\ 0 & \boldsymbol{\Omega} \end{pmatrix} \boldsymbol{V}_g(t) - \boldsymbol{M}(t)\boldsymbol{V}_g(t) \right] \Delta t \tag{2-223}$$

在时间t和Δt之间，结构位置的变化为$(v_x \quad v_y \quad v_z)\Delta t$。由于位置上的这种矢量变化，存在附加的旋转动量项（相对于Δt的一阶）：

$$\boldsymbol{P}_{\mathrm{r}}(t+\Delta t) = -\begin{pmatrix} 0 & 0 \\ \boldsymbol{V} & 0 \end{pmatrix} \boldsymbol{M}(t)\boldsymbol{V}_g(t)\Delta t \tag{2-224}$$

其中，$\boldsymbol{V} = \begin{pmatrix} 0 & v_z & -v_y \\ -v_z & 0 & v_x \\ v_y & -v_x & 0 \end{pmatrix}$。

当$\boldsymbol{F} = -\dfrac{\mathrm{d}\boldsymbol{P}}{\mathrm{d}t}$时，重心处的力可以写为相对于$\Delta t$一阶形式：

$$\boldsymbol{F} = \begin{pmatrix} \boldsymbol{\Omega} & 0 \\ \boldsymbol{V} & \boldsymbol{\Omega} \end{pmatrix} \boldsymbol{M}(t)\boldsymbol{V}_g(t) - \boldsymbol{M}(t) \begin{pmatrix} \boldsymbol{\Omega} & 0 \\ 0 & \boldsymbol{\Omega} \end{pmatrix} \boldsymbol{V}_g(t) - \boldsymbol{M}(t)\dot{\boldsymbol{V}}_g(t) \tag{2-225}$$

如果省略附加质量，则式（2-225）中的质量矩阵仅包括重心处的结构质量和惯性矩矩阵

$$\boldsymbol{M}(t) = \begin{pmatrix} \boldsymbol{m}_{11} & 0 \\ 0 & \boldsymbol{m}_{22} \end{pmatrix} \tag{2-226}$$

其中，$\boldsymbol{m}_{11} = m\boldsymbol{I}$，$m$为结构质量。

将式（2-226）代入式（2-225）得

$$\boldsymbol{F} = \begin{pmatrix} 0 & 0 \\ 0 & \boldsymbol{\Omega} \end{pmatrix} \begin{pmatrix} \boldsymbol{m}_{11} & 0 \\ 0 & \boldsymbol{m}_{22} \end{pmatrix} \boldsymbol{V}_g(t) - \begin{pmatrix} \boldsymbol{m}_{11} & 0 \\ 0 & \boldsymbol{m}_{22} \end{pmatrix} \dot{\boldsymbol{V}}_g(t) \tag{2-227}$$

2.6.2 节点运动响应

如果在时间 t 处的重心位置和结构的方位是已知的,则可以根据式(2-4)和式(2-5)确定固定坐标系中的节点位置,即

$$\boldsymbol{x}_{\mathrm{N}}(t)=\boldsymbol{x}_g(t)+\boldsymbol{E}\begin{pmatrix}x\\y\\z\end{pmatrix} \tag{2-228}$$

其中,$\boldsymbol{x}_g$ 为结构重心在固定坐标系中的位置,$\boldsymbol{x}_g=(X_g,Y_g,Z_g)$;$(x,y,z)^{\mathrm{T}}$ 为节点在局部结构坐标系中的位置。

采用式(2-217)和式(2-220)中的符号,固定坐标系上的节点速度响应为

$$\boldsymbol{v}_{\mathrm{N}}(t)=\boldsymbol{v}(t)-\boldsymbol{\Omega}\left[\boldsymbol{x}_{\mathrm{N}}(t)-\boldsymbol{x}_g(t)\right] \tag{2-229}$$

加速度为

$$\boldsymbol{a}_{\mathrm{N}}(t)=\dot{\boldsymbol{v}}(t)-\boldsymbol{\Omega}[\boldsymbol{v}_{\mathrm{N}}(t)-\boldsymbol{v}(t)]-\dot{\boldsymbol{\Omega}}[\boldsymbol{x}_{\mathrm{N}}(t)-\boldsymbol{x}_g(t)] \tag{2-230}$$

第 3 章　张力腿平台柔性构件局部失效研究

3.1　张力腿平台水动力响应模型构建

深水张力腿平台水动力模型的构建是本章的首要工作。一套能够准确反映深水张力腿平台结构特性的水动力模型，是后续所有问题的研究基础。本章从平台浮体、系泊系统、立管系统 3 个方面构建了理论模型，对包括目标平台选型在内的整个数值模型构建过程进行描述，并给出了最终模型的各项物理特性测试结果，以保证模型的正确性和客观性。与以往完全基于水动力分析商业软件建立数值模型的过程不同，本章根据理论模型内部开发了时域计算程序，使其拥有更大的灵活性和适用性，以满足柔性构件局部失效问题的研究需要。本节建立的模型是研究对象的基础模型。

3.1.1　张力筋腱及顶部张紧式立管（Top Tensio Riser，TTR）结构响应模型

在 TLP 局部系泊失效问题中，为了实现对特定张力筋腱失效的控制，需要将该筋腱的结构响应模型进行改造，并根据需求将其表达在浮体基本运动方程的张力筋腱计算项中。这里给出适用于张力筋腱及 TTR 的结构响应基本模型，以计算正常筋腱和立管的结构响应。

本书采用 Tether 单元来模拟张紧状态下张力筋腱和 TTR。该单元是上述结构的专用计算模型，其本质是能够传递弯矩的梁单元，但它进一步将筋腱及立管结构考虑成柔性的圆柱形管单元。作用在 Tether 单元上的合力 $\boldsymbol{F}_e$ 可表示如下：

$$\boldsymbol{F}_e=\boldsymbol{F}_k+\boldsymbol{F}_s+\boldsymbol{F}_i+\boldsymbol{F}_m \tag{3-1}$$

其中，$\boldsymbol{F}_k$ 为结构弯曲刚度形成的内力；$\boldsymbol{F}_s$ 为两端弹簧支座的外力；$\boldsymbol{F}_i$ 为积分力，包括重力、水静力、拖曳力、波浪惯性力、F-K 力等；$\boldsymbol{F}_m$ 为动坐标系惯性力。本书中 Tether 单元两端均设定为固端支座的边界条件。由于 Tether 单元因其结构产生形变而发生运动，其定义了两种坐标系，分别是单元坐标系（Tether Element Axes，TEA）和局部坐标系（Tether Local Axes，TLA），TEA 如图 3-1 所示。

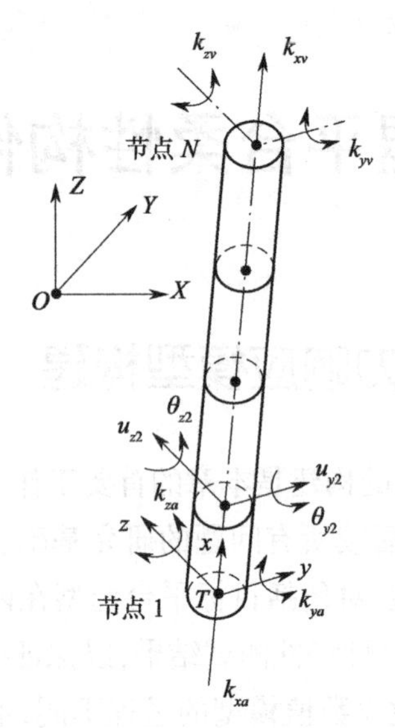

图 3-1 Tether 单元坐标系和节点位移

对于 Tether 单元,如果其完全竖直,TEA 与 FRA 平行。否则,在一般情况下,TEA 的 X 轴方向由锚节点指向浮体连接节点,Y 轴方向与 TEA 的 X 轴垂直,且在 FRA 的 XOY 平面之内,Z 轴轴方向遵从右手法则。TEA 的原点位于锚节点。

TLA 将始端固定点(锚节点)的位置作为坐标原点。TLA 的 Z 轴从该原点指向末端连接点(浮体节点)。而 TLA 的 X 轴平行于 FRA 的 XOY 平面,且与 Z 轴成直角。TLA 的 Y 轴遵循右手法则。当 Tether 垂直时,TLA 则平行于 FRA。而 TLA 则定义为上述 TEA 的简单旋转,即 TLA 的 X、Y 和 Z 轴分别为 TEA 的 Y、Z 和 X 轴。

本书设置的端部固定(固端支座)边界条件,提供端部的轴向刚度,但限制绕它们的任何相对转动。由于沿着 Tether 模型的位移是每一节点处的转动和平动,在 TEA 中的第 j 个单元的节点位移矢量可以表达为

$$\boldsymbol{U}_{\mathrm{e}}=\begin{pmatrix} u_{yj} & u_{yj+1} \\ u_{qj} & u_{2j+1} \\ \theta_{yj} & \theta_{yj+1} \\ \theta_{qj} & \theta_{qj+1} \end{pmatrix} \tag{3-2}$$

使用一个 8×2 的三次函数矩阵来定义 TEA 下沿着第 j 个单元的某一点 $(x,\ 0,\ 0)$ 的位移:

$$\boldsymbol{T}=\begin{pmatrix} 1-a^2(3-2a) & 0 \\ 0 & 1-a^2(3-2a) \\ 0 & -La(1-a)^2 \\ La(1-a)^2 & 0 \\ a^2(3-2a) & 0 \\ 0 & a^2(3-2a) \\ 0 & -La^2(1-a) \\ La^2(1-a) & 0 \end{pmatrix} \tag{3-3}$$

其中，a 为长度变化率，$a=\dfrac{x-x_j}{L}$；L 为单元长度。

使用该形函数，Tether 单元的结构质量矩阵可定义为一个 8×8 矩阵，即

$$\boldsymbol{M}_{\mathrm{s}}=\frac{m_{\mathrm{s}}}{420}\begin{pmatrix} 156L & 0 & 0 & 22L^2 & 54L & 0 & 0 & -13L^2 \\ 0 & 156L & -22L^2 & 0 & 0 & 54L & 13L^2 & 0 \\ 0 & -22L^2 & 4L^3 & 0 & 0 & -13L^2 & -3L^3 & 0 \\ 22L^2 & 0 & 0 & 4L^3 & 13L^2 & 0 & 0 & -3L^3 \\ 54L & 0 & 0 & 13L^2 & 156L & 0 & 0 & -22L^2 \\ 0 & 54L & -13L^2 & 0 & 0 & 156L & 22L^2 & 0 \\ 0 & 13L^2 & -3L^3 & 0 & 0 & 22L^2 & 4L^3 & 0 \\ -13L^2 & 0 & 0 & -3L^3 & -22L^2 & 0 & 0 & 4L^3 \end{pmatrix} \tag{3-4}$$

其中，m_{s} 为单位长度的结构质量。浸没单元的附加质量具有与上述相同的表达式，但单位长度的质量项等于单位长度的排水质量。

另外，结构刚度矩阵

$$\boldsymbol{K}=\frac{EI}{L^3}\begin{pmatrix} 12 & 0 & 0 & 6L & -12 & 0 & 0 & 6L \\ 0 & 12 & -6L & 0 & 0 & -12 & -6L & 0 \\ 0 & -6L & 4L^2 & 0 & 0 & 6L & 2L^2 & 0 \\ 6L & 0 & 0 & 4L^2 & -6L & 0 & 0 & 2L^2 \\ -12 & 0 & 0 & -6L & 12 & 0 & 0 & -6L \\ 0 & -12 & 6L & 0 & 0 & 12 & 6L & 0 \\ 0 & -6L & 2L^2 & 0 & 0 & 6L & 4L^2 & 0 \\ 6L & 0 & 0 & 2L^2 & -6L & 0 & 0 & 4L^2 \end{pmatrix} \tag{3-5}$$

其中，E 为弹性体杨氏模量；I 为截面二阶矩。$\boldsymbol{K}$ 用于计算 $\boldsymbol{F}_{\mathrm{k}}$，即 $\boldsymbol{F}_{\mathrm{k}}=\boldsymbol{K}\boldsymbol{U}_{\mathrm{e}}$。

式（3-1）中，侧向力和力矩的积分力包含侧向力成分（$\boldsymbol{F}_{\mathrm{a}}$）和弯矩成分（$\boldsymbol{F}_{\mathrm{r}}$），表达式分别为

$$\boldsymbol{F}_{\mathrm{a}}=\int_{L_1}^{L_2}\boldsymbol{T}\boldsymbol{f}_{\mathrm{a}}\mathrm{d}x \tag{3-6}$$

$$\boldsymbol{F}_{\mathrm{r}}=\int_{L_1}^{L_2}\boldsymbol{B}\boldsymbol{f}_{\mathrm{r}}\mathrm{d}x \tag{3-7}$$

其中，$\boldsymbol{T}$ 为形函数矩阵，见式（3-3）；$\boldsymbol{B}$ 为单元两端力矩的传递函数，

$$\boldsymbol{B}=\begin{pmatrix} 0 & -6a(1-a)/L \\ 6a(1-a)/L & 0 \\ 1+3a^2-4a & 0 \\ 0 & 1+3a^2-4a \\ 0 & 6a(1-a)/L \\ -6a(1-a)/L & 0 \\ 3a^2-2a & 0 \\ 0 & 3a^2-2a \end{pmatrix} \tag{3-8}$$

动坐标系的惯性力

$$\boldsymbol{F}_{\mathrm{m}}=\boldsymbol{M}_{\mathrm{s}}\boldsymbol{a}_{\mathrm{f}} \tag{3-9}$$

其中，$\boldsymbol{a}_f$为动坐标系的加速度。

3.1.2 目标平台及其系泊系统

本研究所选取的目标平台为一座具有 4 个立柱及 4 个浮箱的常规张力腿平台（CTLP），包括其张力腿系泊系统及顶部张紧式立管系统。目标平台的工作水深为 450 m，属于深水浮式平台。

3.1.2.1 平台上体

本研究所使用的目标 TLP 上体来自参考文献 [23]。其主尺度为浮箱边长 86.25 m，浮箱高度 15 m，宽度 7.5 m，立柱高度 60 m，立柱直径 16.87 m，设计吃水 35 m，设计水深 450 m，排水量 54 500 t，质量 40 500 t，重心位于基线上 38 m。平台上体构造如图 3-2 所示。

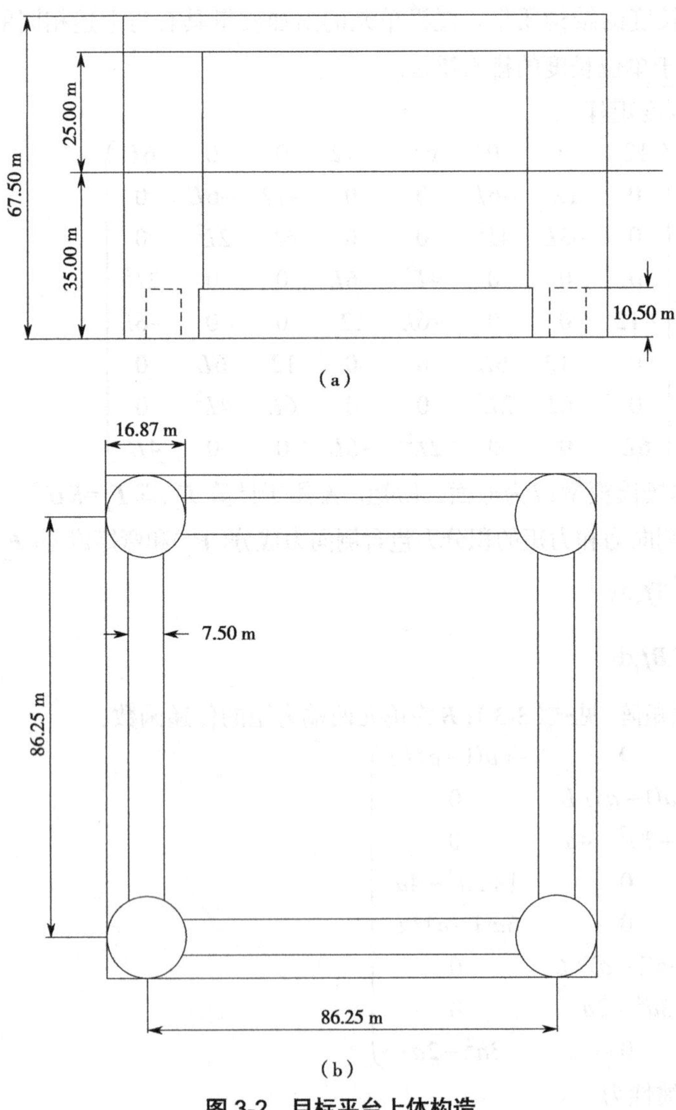

图 3-2 目标平台上体构造

（a）正视图 （b）俯视图

平台上部浮体的相关几何尺寸及属性参数见表 3-1。

表 3-1　平台上部浮体构造数据

平台上部浮体构造项目		单位	数值
平台上部浮体主尺度	立柱中心线间距	m	86.25
	立柱半径	m	8.44
	浮箱宽度	m	7.50
	浮箱高度	m	10.50
	吃水	m	35.00
平台上部浮体质量及惯量	总体质量	$\times 10^3$ kg	40 500
	排水量	$\times 10^3$ kg	54 500
	横摇转动惯量	$\times 10^3$ kg·m^2	8.24×10^7
	纵摇转动惯量	$\times 10^3$ kg·m^2	8.24×10^7
	艏摇转动惯量	$\times 10^3$ kg·m^2	9.81×10^7
	水线以上的中心高度	m	3.00

3.1.2.2　张力筋腱

平台的张力腿系泊系统由 8 根张力筋腱(Tendon)组成,每两根组成一条张力腿,分别位于平台的 4 根立柱之下。8 根筋腱总预张力 14 000 t,筋腱长度 415 m。每根筋腱顶部连接于筋腱抱紧器,底部连接于水下插座。张力筋腱在每根平台立柱上的连接位置如图 3-3 所示。每对张力筋腱相对于平台立柱中心轴线的角度为 60°。而且,它们的两处连接点并不位于立柱底面环形边界,而是高于底面 4 m,连接点距立柱中心轴线 9.94 m。根据设计规范,使用 API 5 L X70 钢管作为张力筋腱的主要材料构件,该钢管壁厚为 0.038 m,外径为 1.016 m。在完全立管配置的情况下,该平台的每一根张力筋腱预张力为 1.58×10^6 kg。据该钢材的规格说明, X70 钢材的抗拉强度为 570 MPa,经过换算,单根张力筋腱的名义破断张力约等于 6.7×10^4 kN。该数值在本研究中将作为张力筋腱失效的主要材料校核准则。当平台处于原始位置时,所有张力筋腱保持竖直状态。通常,张力筋腱的各组成部分如图 3-4 所示,为了简化问题使用张力筋腱主体部分的截面数据。

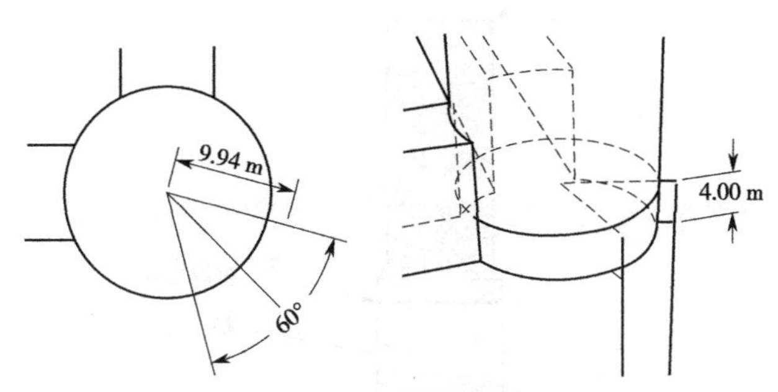

图 3-3　张力筋腱在每根平台立柱上的连接位置

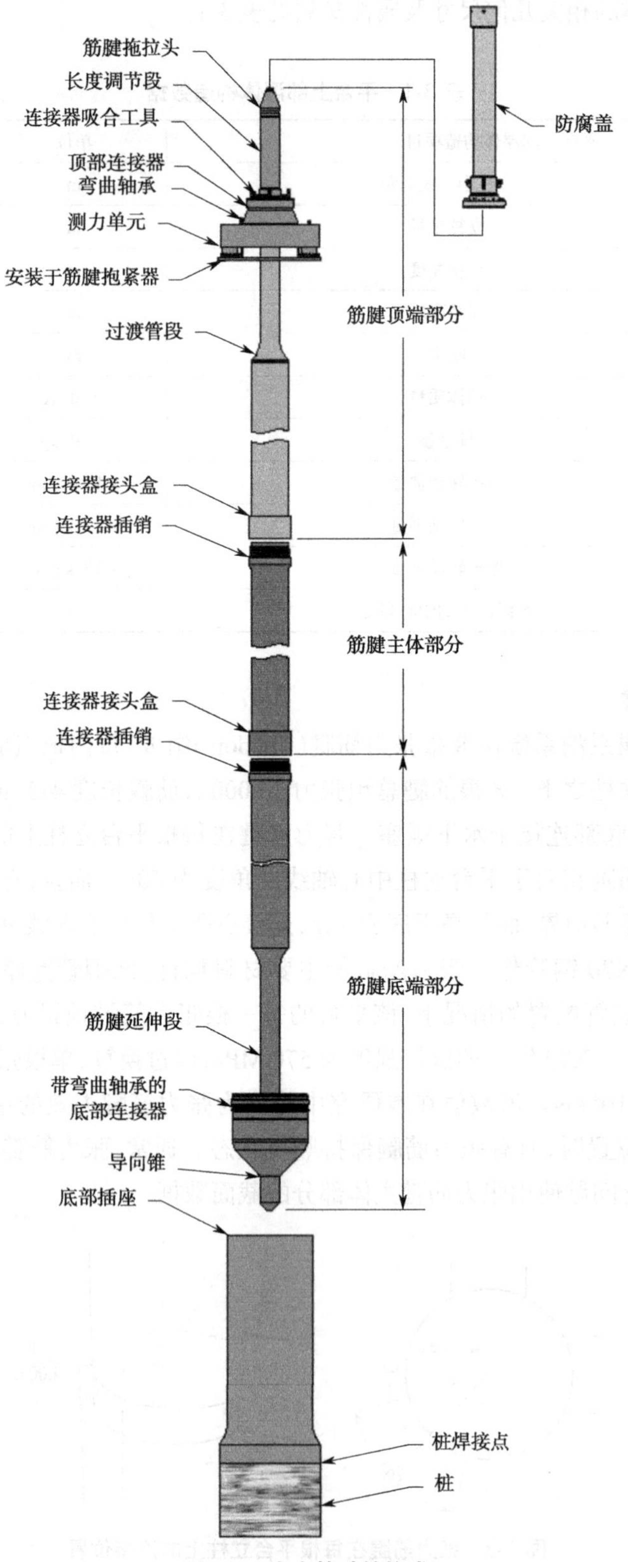
筋腱拖拉头
长度调节段
连接器吸合工具
顶部连接器
弯曲轴承
测力单元
安装于筋腱抱紧器
过渡管段
连接器接头盒
连接器插销
筋腱主体部分
连接器接头盒
连接器插销
筋腱底端部分
筋腱延伸段
带弯曲轴承的
底部连接器
导向锥
底部插座
防腐盖
筋腱顶端部分
桩焊接点
桩

图 3-4 张力筋腱的构成

3.1.2.3 立管系统

目标平台共具有 12 根 TTR,位于平台生产甲板之下,其顶部连接于立管张紧器,底部连接于水下井口。在水平位置上，12 根立管于平台几何中心周围形成了一个 3×4 的立管阵列。立管布局如图 3-5 所示。由于除一根立管为钻井立管外,其他大部分立管均为生产立管,所以为了形成一个对称的立管系统,将所有立管考虑为生产立管。

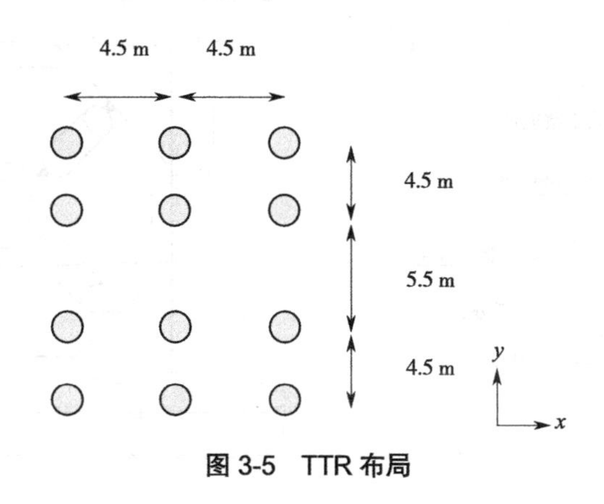

图 3-5　TTR 布局

每根生产立管的标准管节外径为 0.273 m,壁厚为 0.01 m。每根立管的有效荷载为 1.01×10^5 kg。12 根立管的全部有效荷载相当于完全立管配置状态下平台所有张力筋腱预张力总和的 1/10。这些立管的顶部悬吊于位于平台水线以上 20 m 高度的液压气动式张紧器。当平台处于原始位置时,所有立管保持竖直状态。

除了生产立管的标准管节之外,在实际设计制造中每根立管两端一定长度范围内都配置了其他类型的管节。从上至下，TTR 生产立管分别由生产井口及采油树、张拉节、上部短节、加厚管节、飞溅区管节、下部短节、众多组标准管节、带有回接连接器的锥形应力节及带有导向臂插座的水下井口基盘堆叠而成。竖直的张拉节穿过平台上部浮体的生产甲板,而张拉环固定于张拉节上用以连接张紧器的活塞。TTR 生产立管的横截面是一种套管结构,由外管和内部油管组成。这两层管之间以一定长度间隔安置了许多扶正器,用来在立管发生变形时保证内外管尽量不发生相对形变。另外,两层管之间还设置了一些液压油管和线缆,用来执行立管的生产作业。

3.1.2.4 液压气动式张紧器

在每一根 TTR 顶部的张拉节处,都安装有一套液压气动式张紧器系统,将立管与平台生产甲板连接起来。在每套张紧器系统中,设有 4 对液压油缸及活塞。该张紧器的正视图及俯视图如图 3-6 所示。4 根液压油缸悬吊于生产甲板上的嵌入式框架之内。4 根油缸的活塞杆能够沿所对应油缸的轴线上下滑动,活塞杆下端从 4 个几何对角线方向与张拉环相连。每套高压及低压蓄能瓶、液压油缸都组成了一套液压气动系统,用来为对应的油缸相互独立地提供基于活塞冲程的张力。通过安装在生产甲板嵌入式框架上的 4 个扶正导向滚轮从 4 个水平正交方向对立管张拉节产生了侧向约束。导向滚轮能够承受很大的侧向约束力而不发生侧向移动。由于滚轮的存在,并且滚轮仅约束住了张拉节的一点,所以允许 TTR

垂向上的自由运动及围绕导向滚轮的自由倾斜。立管阵列中的12根立管每一根都分别拥有一套与上述相同的张紧器系统。液压气动式张紧器系统及TTR上部结构如图3-7所示。

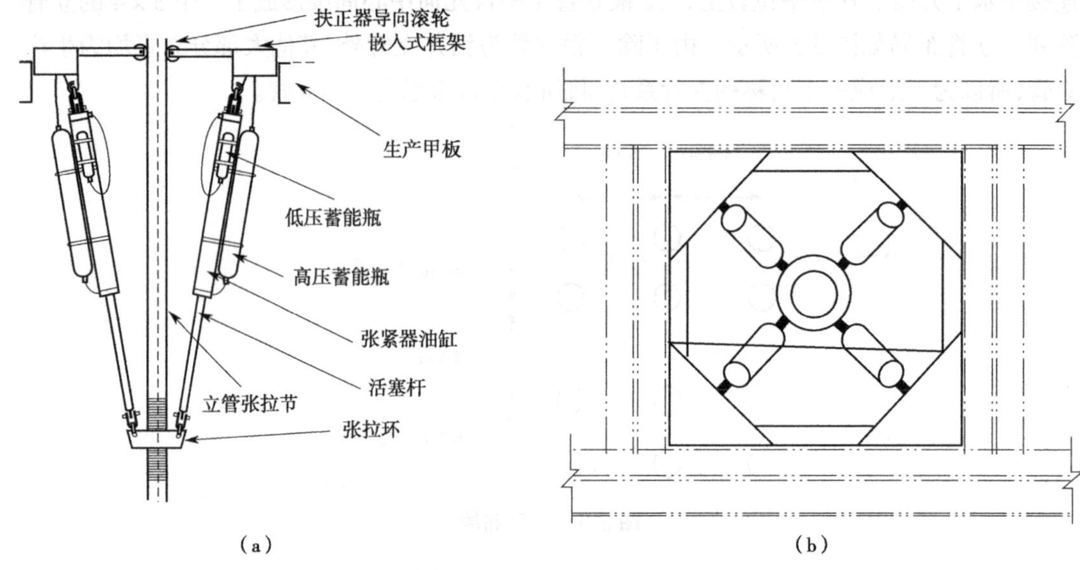

图3-6　液压气动式张紧器

(a)正视图　(b)俯视图

图3-7　液压气动式张紧器系统及TTR上部结构

3.1.3　浮体-筋腱-立管复合水动力模型

基于选取的目标 TLP,本研究利用 ANSYS AQWA 建立了一套完整的复合水动力模型。该模型包括 3 个部分,分别为平台湿表面面元模型、Morison 单元模型及 Tether 单元模型,如图 3-8 所示。在本书中,统一规定 T*n* 代表第 *n* 根张力筋腱,TTR*n* 代表第 *n* 根立管。最终,生成了一套浮体-筋腱-TTR 的耦合数值模型以进行后续水动力分析。

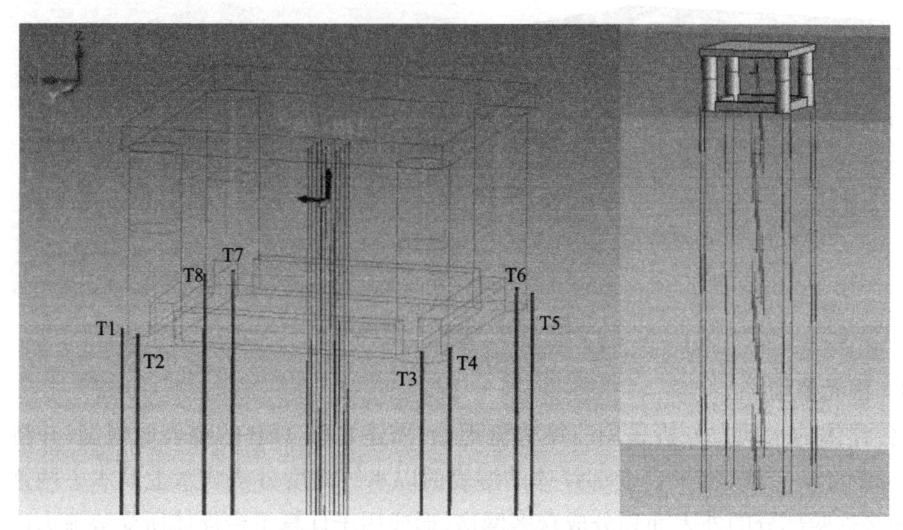

图 3-8　TLP 的复合水动力模型

3.1.3.1　模型编号及坐标系统

张力筋腱和 TTR 的编号以及对平台艏向和环境荷载方向的定义如图 3-9 所示。局部结构坐标系(LSA)*oxyz* 固结在平台的质心处,跟随平台一起运动;固定坐标系(FRA)*OXYZ* 设定在模型空间的原点,它是全局坐标系,不随结构运动。风、浪、流的方向在本书研究中统一定义为它们在 *XOY* 平面内的去向(风、浪、流的运动方向与箭头方向一致)与 *OX* 轴的夹角,夹角的正方向基于“右手法则”。

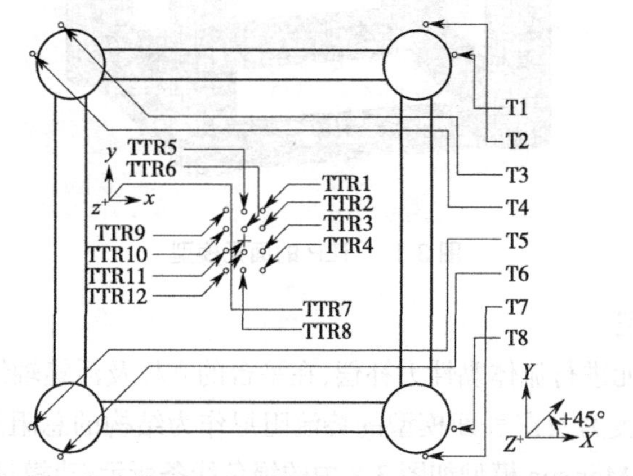

图 3-9　张力筋腱和 TTR 的编号、平台艏向和环境荷载方向

3.1.3.2 几何模型

本研究中，目标平台的几何模型由 Rhino(Rhinoceros 3D)软件建模生成。Rhino 软件是一套专业的 3D 立体模型制作软件，其建模过程基于非均匀有理样条(Non Uniform Rational B-Spline, NURBS)，能够以数学的方式精确地描述所有复杂造型。最终生成的 TLP 几何模型如图 3-10 所示。

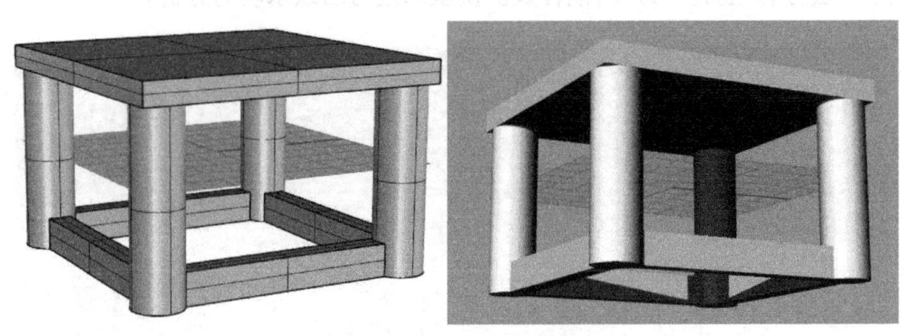

图 3-10 TLP 几何模型

3.1.3.3 面元模型

平台浮体的水动力分析采用三维势流理论，需建立该 TLP 的湿表面模型，并将湿表面模型划分面元。首先，将平台上部浮体的湿表面以水线高度分割成水上及水下两部分。然后，分别将这两部分的外表面划分成众多网格，形成用于计算平台浮体所受势流力的面元模型，如图 3-11 所示。浮体湿表面所划分出的面元总数为 9 107，其中包含 3 666 个绕射单元。

图 3-11 TLP 的面元模型

3.1.3.4 Morison 模型

使用 Morison 单元进行流体黏性力补偿，在平台的立柱及浮箱轴线上嵌套细长杆单元，以 Morison 单元的拖曳力及湿表面模型的势流阻尼作为结构的总阻尼。复合在 TLP 上部浮体湿表面模型上的 Morison 模型如图 3-8 中的绿色线条所示，建模过程如图 3-12 所示。

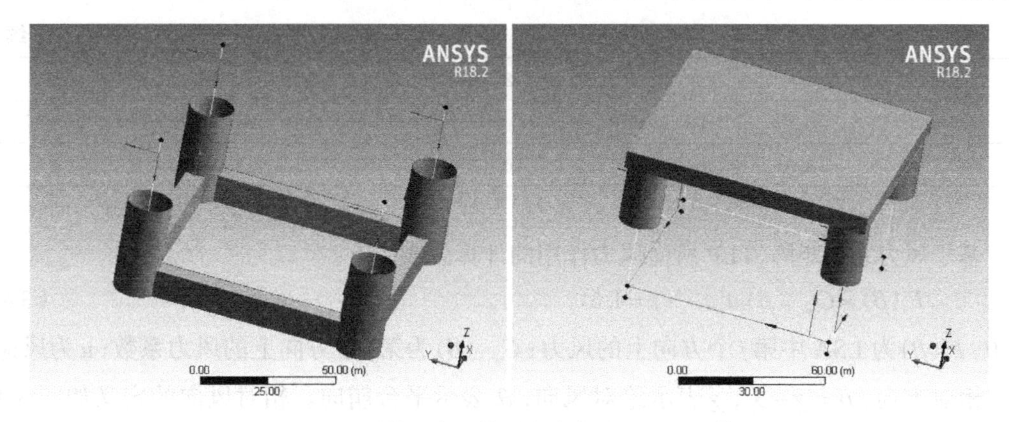

图 3-12　浮体湿表面模型中嵌套的 Morison 模型

3.1.3.5　Tether 模型

Tether 单元是张力筋腱及 TTR 的专属计算单元。由于这些柔性构件的直径通常远小于波长,故它们在整体水动力模型中一般被视为柔性管单元。Tether 单元能够考虑筋腱及立管管材的浮重、惯性、横截面属性、刚度和变形、水动力及上下两端的约束条件。作用在它们之上的水动力也同样由 Morison 公式计算得到。以平台浮体-张力筋腱-TTR 三者相互耦合的整体作为水动力分析模型,能够在时域下计算平台的受力及运动响应、筋腱的形变、应力、对浮体产生的系泊力等。张力筋腱及 TTR 的 Tether 单元模型如图 3-8 中的 T1~T8 及 R1~R12 所示。每根 Tether 模型的两端均采用等效材料拉伸刚度的轴向约束及固端支座的转动约束作为边界条件。

3.1.3.6　风力系数模型

除了波浪力及流力,TLP 浮体的上层建筑还受到海上风力的作用。本研究中,目标平台的风力特性由不同风向下各自由度的风力系数来表达,根据计算荷载工况的需要,风向间隔取为 45°。风力系数矩阵由平台上部建筑的模型根据等效迎风面积、风压中心高度计算得到,详见表 3-2。中间风向角度的对应系数由内插法计算得到。其中,*X*、*Y*、*Z*、*RX*、*RY* 及 *RZ* 分别代表在平台 6 个自由度上分别形成的风力数值。

表 3-2　TLP 的风力系数矩阵

风向	*X*	*Y*	*Z*	*RX*	*RY*	*RZ*
	[N/(m/s)²]			[N·m/(m/s)²]		
−180°	−4 000	0	0	0	−140 000	0
−135°	−2 970	−2 970	0	103 950	−103 950	0
−90°	0	−4 000	0	140 000	0	0
−45°	2 970	−2 970	0	103 950	103 950	0
0	4 000	0	0	0	140 000	0
45°	2 970	2 970	0	−103 950	103 950	0
90°	0	4 000	0	−140 000	0	0

续表

风向	X	Y	Z	RX	RY	RZ
	[N/(m/s)²]			[N·m/(m/s)²]		
135°	−2 970	2 970	0	−103 950	−103 950	0

基于风力系数矩阵,TLP 所受风力作用的计算公式如下:

$$F_j(\beta)=C_{w,j}(\beta)|u|u \quad (j=1,6) \tag{3-9}$$

其中,$F_j(\beta)$为 LSA 中第j个方向上的风力;$C_{w,j}(\beta)$为第j个方向上的风力系数;u为风速;β为相对方向,$\beta=\chi-\theta_3$,χ表示绝对风向,θ_3表示平台艏向。相对风向的定义如图 3-13 所示。

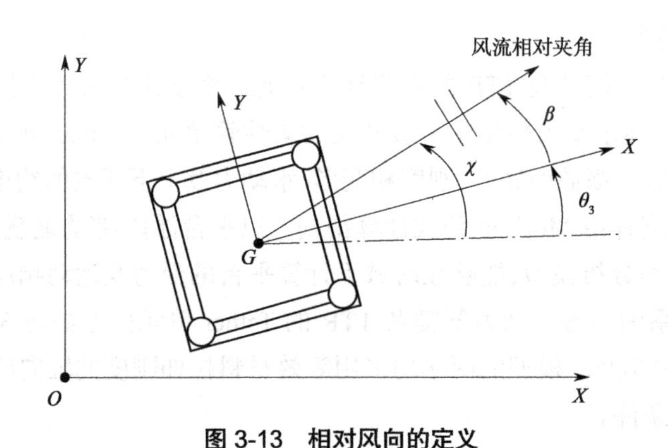

图 3-13 相对风向的定义

3.2 张力腿平台局部系泊失效响应研究

本节进行了张力腿平台局部系泊失效基本形式的研究,包括张力筋腱一次性失效及张力筋腱渐进性失效两种。通过使用三维势流理论及面元方法,对目标张力腿平台进行了一系列系泊分析,从而预报平台浮体-筋腱-TTR 三者耦合的水动力响应,尤其对多根筋腱的渐进性失效过程进行了研究。分析类型主要有静水中的系泊失效、考虑慢漂作用的不规则波组合海况下的系泊失效。计算结果方面,对平台的运动响应、剩余筋腱 TTR 的有效张力进行了分析。

3.2.1 平台系泊失效模拟方法及对比验证

由于 TLP 浮体为大尺度结构,采用基于三维势流理论的水动力分析程序开展研究是十分必要的。通过内部开发,水动力计算程序能够对浮体施加任意的外力时间序列。基于上述功能,本研究提出了一种普遍适用的浮式结构系泊失效模拟方法,该方法的基本步骤如下:

(1)进行完整平台的时域响应分析(暂无系泊失效条件);

(2)针对即将设定失效的筋腱,通过程序内部开发提取筋腱对平台作用力的时间历程;

(3)抑制失效筋腱的模型单元,保持其他所有计算条件不变,将所提取的筋腱作用力施加于平台,施加时间段从初始时刻起至系泊失效时刻止;

(4)再次求解系泊失效条件下平台的时域响应历程。

对于处理多根筋腱的渐进性失效问题,需要根据提出的数学模型循环执行上述步骤,然后把每一根失效筋腱的作用力时间历程以不同时间长度进行叠加。求解 TLP 张力筋腱失效问题的技术路线如图 3-14 所示。

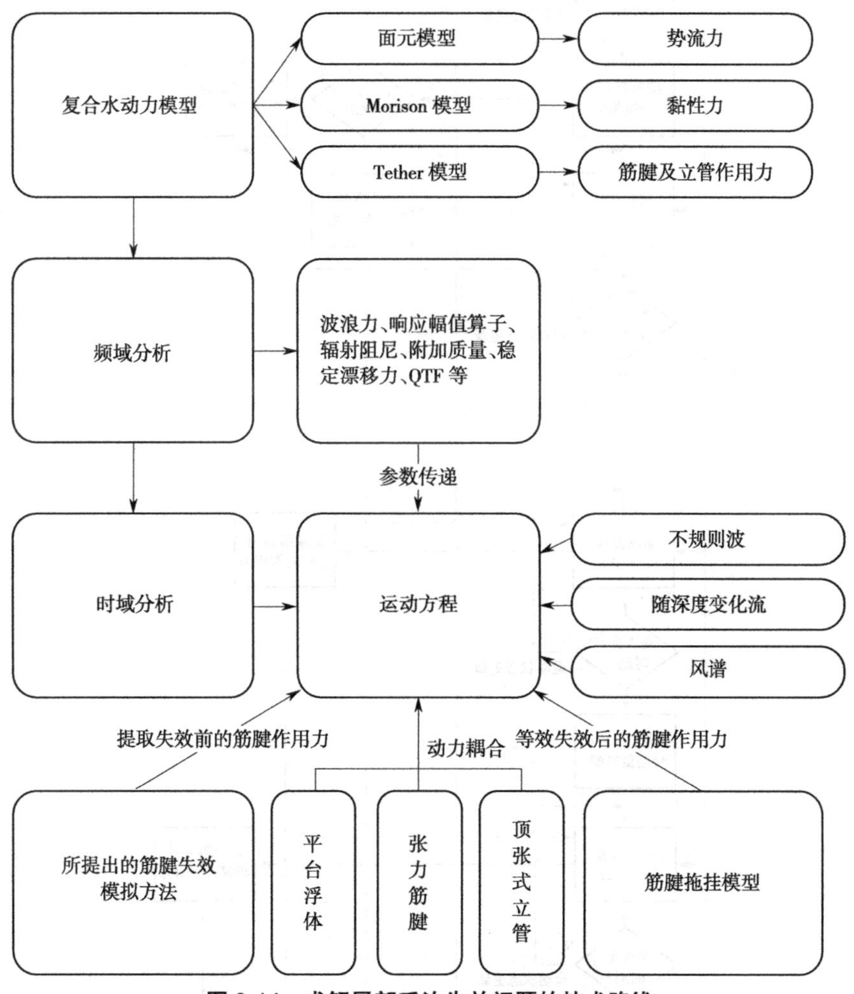

图 3-14　求解局部系泊失效问题的技术路线

除此之外,为了更好地展示本章分析、判断及循环迭代的思路和分析过程,给出系泊失效问题的分析流程图,如图 3-15 所示。

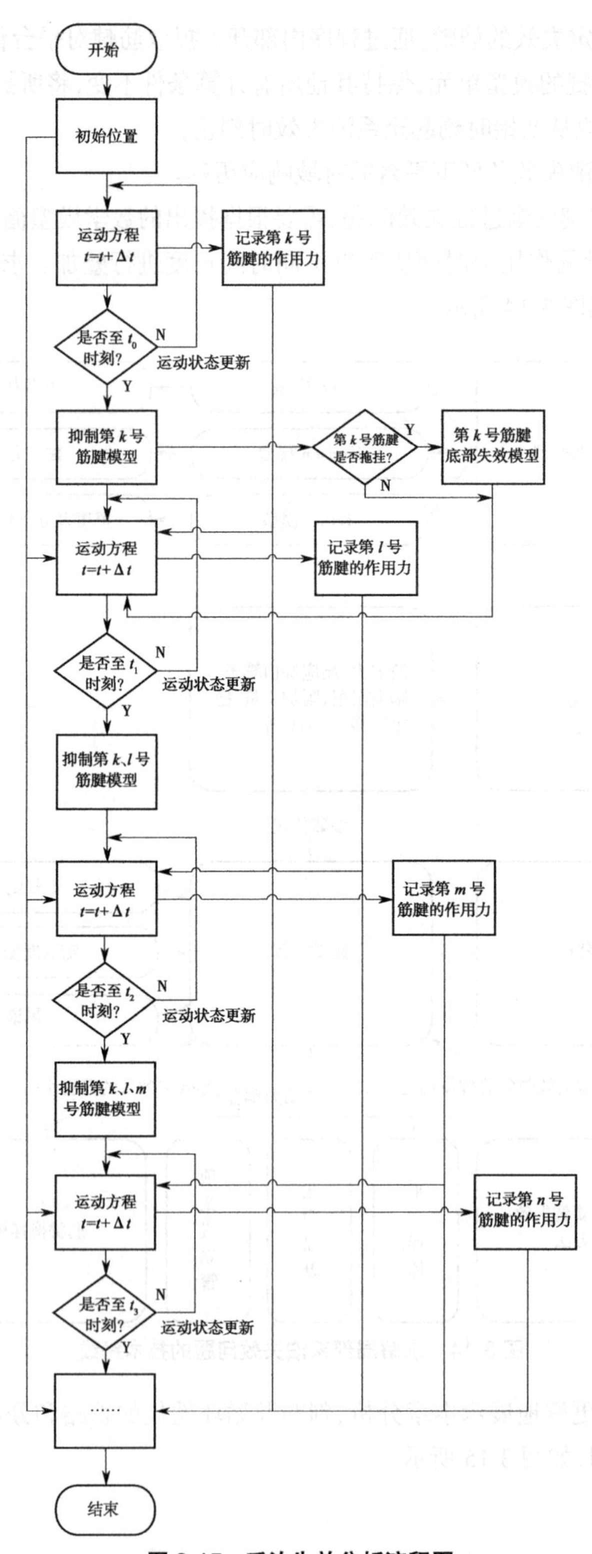

图 3-15 系泊失效分析流程图

在提出上述方法的同时，本研究进行了一系列对比试验，来验证筋腱单元与所提取筋腱作用力的等效性，即在模拟的任何时刻，实际的筋腱模型和附加筋腱作用力二者造成的平台运动过程完全相同。达成这种等效性的基本前提是筋腱被视为小尺度构件，而小尺度构件的存在并不会扰动流场，因此即使其不存在，流场计算域也并无变化。理论上，相同的流场、相同的外力必然带来相同的结构响应。验证过程采用模拟时长为 500 s 的时域分析，测试海况为 JONSWAP 谱生成的不规则波，有义波高 $H_s=10$ m，谱峰周期 $T_p=13$ s，对比平台在相同环境荷载条件下 6 自由度的运动时间历程。以浪向 45° 纵荡/横荡为例，验证结果如图 3-16 所示。

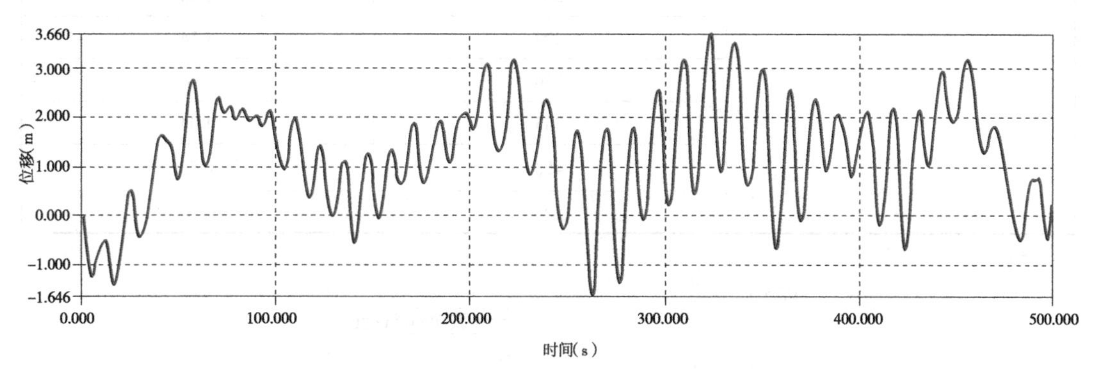

图 3-16 平台运动时程曲线(纵荡/横荡)

(红实线—原始模型；蓝实线—等效模型)

经过对比可以发现，在无任何限定条件的情况下，连接筋腱单元的原始平台运动与附加等效筋腱作用力的平台运动几乎相同，误差在可接受范围内。这很好地证明了二者的等效性，同时说明所提出的模拟方法具有可行性。

3.2.2 失效工况与计算设置

设置工况条件见表 3-3，波浪谱波能分布如图 3-17 所示。

表 3-3 极端海况的气象及海洋学参数

环境参数	千年一遇热带气旋	
波浪	波浪谱	JONSWAP
	H_s(m)	16.5
	T_p(s)	17.2
	峰值增强因子(Gamma)值	2.4
	浪向	全向
风	风谱	NPD
	标高(m)	10.0
	风速(m/s)	53.0
	风向	全向

续表

	深度(m)	流速(m/s)
流	0	2.8
	23	2.63
	68	2.31
	113	1.99
	159	1.52
	204	1.37
	249	1.24
	294	1.14
	340	1.06
	385	1.04
	450	0.73
	流向	全向

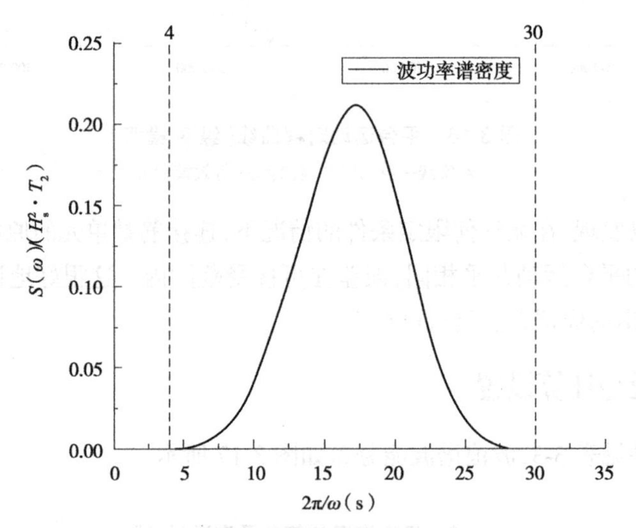

图 3-17 波浪谱波能分布周期区间

在计算设置方面,所有工况统一采用 0.1 s 的时间步长从已调平的模型初始状态连续计算 1 000 s 时长。经过时间步长收敛性测试,该步长对于所研究的浮式结构已足够短,能够保证计算精度。另外,在非静水工况下,为了排除时域分析初始条件效应的影响,将每次计算的最初 250 s 设定为完整系泊条件下的水动力响应分析,使结构动态充分融入环境荷载中,张力筋腱失效发生于 250 s 之后。计算结果方面,分别输出了 TLP 浮体的运动响应、张力筋腱及 TTR 的张力响应。结果输出步长间隔与计算步长一致。

3.2.3 极端海况下筋腱一次性失效计算

极端海况下的筋腱一次性失效问题分别包括单筋失效和双筋失效两种情况。在本节中，以单筋失效下失效筋腱位置 225° 迎浪、双筋失效下失效筋腱位置 180° 迎浪为例进行分析讨论。

3.2.3.1 单筋失效

在单筋失效工况下，设定 T1 于 250 s 发生失效，当荷载方向为 225° 时，T1 和 T2 为迎浪筋腱，T5/T6 为背浪筋腱。

当仅仅单筋失效时，TLP 仍然在其四角具有 4 根张力腿。失效筋腱的张力在其失效瞬间转移至 T2。整个结构在此情况下仍然具有稳定性。剩余筋腱及 TTR 立管的有效张力以不同颜色的曲线进行表达，如图 3-18 所示。当单筋失效发生在迎浪筋腱位置时，对于剩余筋腱的张力冲击相比于失效发生在背浪筋腱位置要剧烈很多。前者，T2 的张力峰值达到了 6.7×10^4 kN，接近了筋腱的破断张力。如果 T2 在这一冲击下不能幸存，将形成后文即将进行讨论的渐进性失效工况，这里只讨论 T2 能够继续存在的情况。而后者，T2 的张力峰值要小得多，只达到了 4.25×10^4 kN，没有继续破断的风险。另一方面，当单筋失效时，对角线另一侧的筋腱张力会略有下降，但并没有形成筋腱的松弛或屈曲，因为失效筋腱同一立柱下的剩余筋腱将阻止此现象发生。在单筋失效时，TTR 张力不会出现大幅增长，见 R6 立管的响应结果。

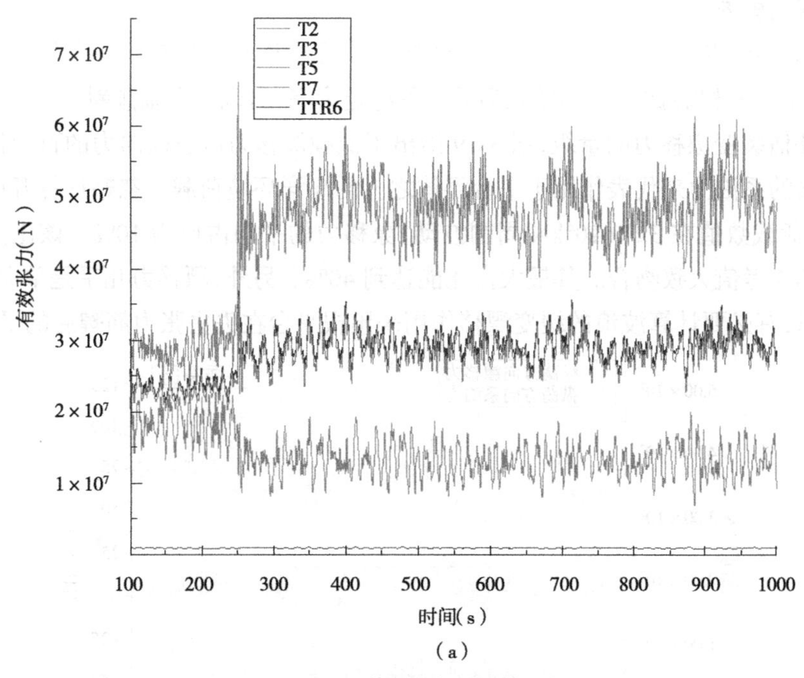

图 3-18 迎浪单筋失效计算结果

(a)筋腱及立管有效张力曲线

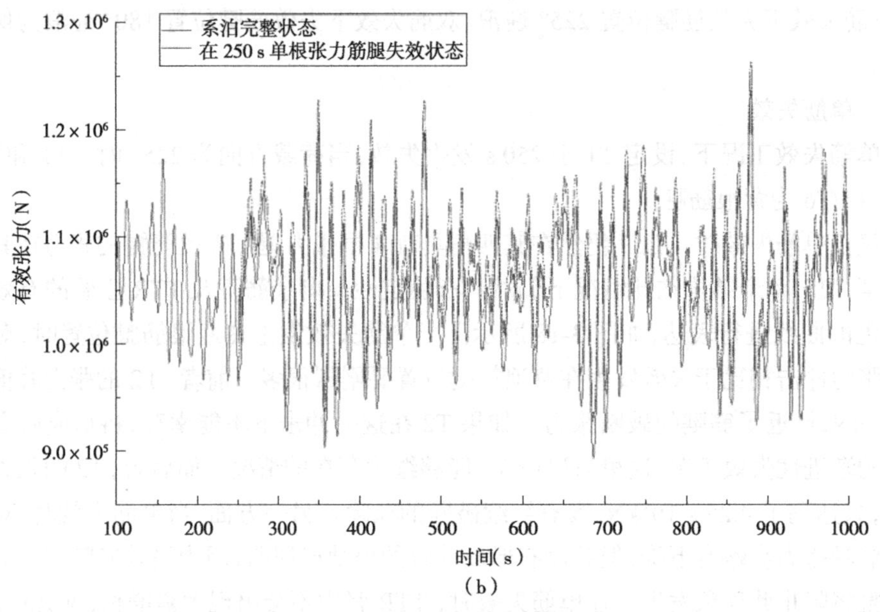

(b)

图 3-18　迎浪单筋失效计算结果

(b)TTR6 有效张力曲线对比

3.2.3.2　双筋失效

在双筋失效情况下,设定 T1 和 T2 于 250 s 时同时失效。当 TLP 失去了一条张力腿后(同一立柱下的两根筋腱),结构进入到另一种稳定形态,出现了大幅倾斜。

为了评估缓变漂移力的量级,图 3-19 给出了低频漂移力占总横向力的百分比曲线。选择纵荡方向的系泊力来代表作用于平台浮体之上的海洋环境荷载。忽略计算开始时的不稳定阶段,总荷载数值在 3.5×10^4 kN 周围波动,漂移力的平均占比为 10%。该比例与相关文献中给出的参考值大致吻合。其最大占比能达到 40%。另外,漂移力几乎是单向的,而非往复的。所以,有必要计算波浪的缓变漂移作用来预报平台在失去张力筋腱后的平面内运动。

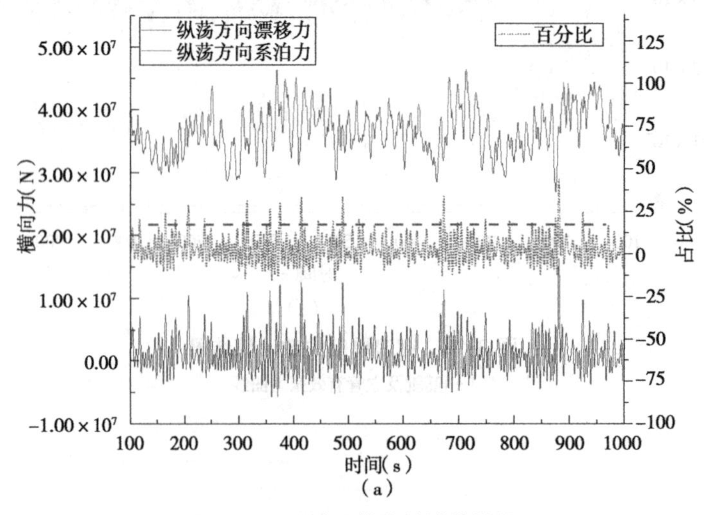

(a)

图 3-19　迎浪双筋失效计算结果

(a)纵荡方向漂移力占合力百分比

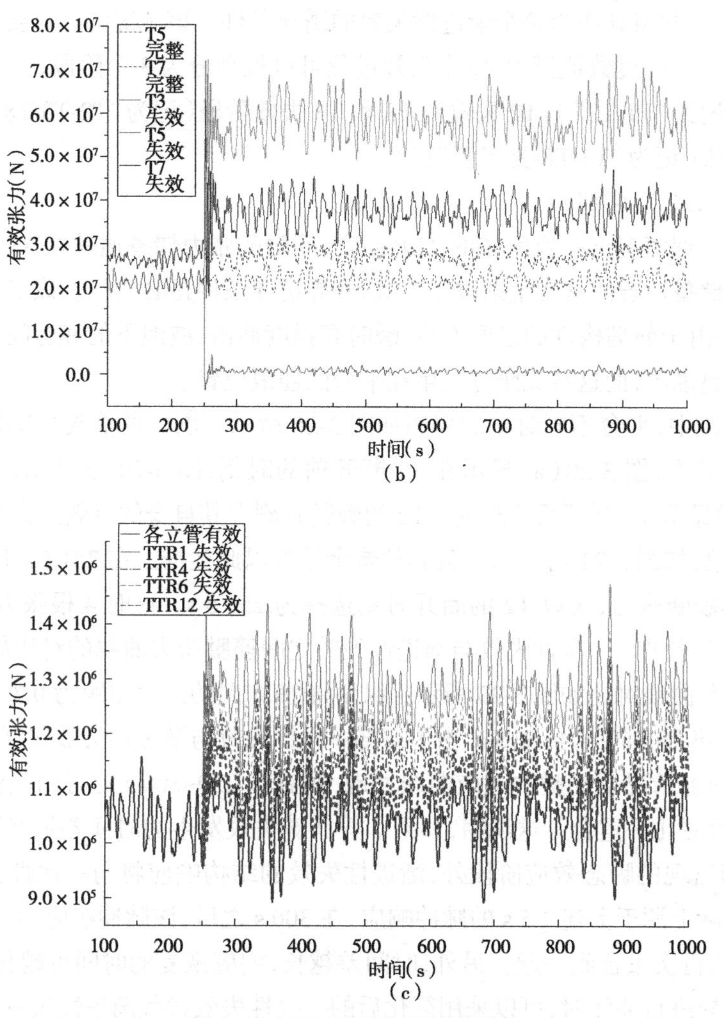

图3-19 迎浪双筋失效计算结果

(b)失效前后对比筋腱张力曲线 (c)失效前后对比立管张力曲线

3.2.4 极端海况下筋腱渐进性失效计算

以上单筋失效及双筋失效过程均为一次性失效过程。模拟过程中，将筋腱失效后的剩余系泊系统视为一个不可变结构。而实际上，当张力筋腱在接近其结构极限的状态下工作时，即使没有其他诱导因素（例如自身可靠性问题），也不可避免地会出现筋腱的失效问题。当TLP的全部张力筋腱都正常工作时，结构在承受环境荷载方面是最强健的。在极端海况下，平台失去张力筋腱数量越多，其经历后续破坏的可能性就越高。这经常会激发出恶性循环和连锁反应，从而使结构进入一个渐进性失效过程。本书中，筋腱渐进性失效工况主要为迎浪时单根筋腱初始诱发失效所引起的其他筋腱的自发性陆续失效过程，由迎浪位置筋腱向对角线位置筋腱逐渐推进，直至平台整体性系泊失效。

根据筋腱一次性失效的分析结论，选择最危险的225°迎浪工况作为渐进性失效工况的环境荷载条件，来预报从完整平台到系泊系统近乎整体失效的完整灾难性过程。仍然设定

T1 于 250 s 失效，并将其作为整个渐进性失效的诱导条件。该工况的计算要比 225° 单筋失效工况复杂得多。经过数值模拟，整个失效过程可以被划分为 3 个阶段，分别是 T1 失效至 T2 失效阶段（记为“T1-T2”）、T2 失效到 T3 和 T8 失效阶段（记为“T2-T3/T8”）、T3/T8 及更多筋腱失效阶段（记为“T3/T8-更多筋腱”）。

3.2.4.1 T1-T2，225° 迎浪

对于千年一遇海况下一座完整的 TLP 而言，筋腱的张力储备通常在 55%~70%，这是非常充足的张力储备。若使其发生渐进性失效，外界诱导条件是必要的。该工况下，TLP 失去 T1 筋腱可能是由于筋腱构件的强度不足、瞬时高强度冲击、波浪下的疲劳问题、其他船只的撞击或海水的腐蚀等，而这些又刚好发生在平台的迎浪位置。

在第一阶段中，平台不同时刻的姿态如图 3-20 所示。图中的箭头分别代表风、浪和流的作用方向。其中，图 3-20（a）显示在 T1 断开前的时刻，图 3-20（b）显示 T1 断开后的时刻，图 3-20（c）显示 T2 断开后的时刻。T2 的破断时刻由其自身的有效张力时程来决定（T1 失效，225° 迎浪，如图 3-21 所示），并且其他剩余筋腱以此类推。在 251.5 s 时，T2 的有效张力十分接近其破断张力，所以 T2 的断开时刻选择为 251.5 s。这时 4 根张力腿仍然能够维持平台浮体处于水平。一次性失效与渐进性失效之间筋腱张力曲线的对比如图 3-22 所示。与之相似的位移曲线对比如图 3-23 所示。纵荡/横荡方向的最大差距为 0.77%，垂荡方向为 15.39%，横摇 / 纵摇方向为 46.53%。由于双筋一次性失效与渐进性失效仅存在 1.5 s 的时间差，通过对比两种情况下筋腱的响应曲线发现，只有在 250~300 s 的时间范围内，响应才有明显不同，之后便几乎重合。这说明，如果 2 根筋腱失效发生的时间差足够短，除了在先失效时刻后立即出现的瞬态效应阶段外，渐进性失效的结构响应将与一次性失效过程相同。该响应差异实际上源于上述 1.5 s 的脉冲响应，在 300 s 之后，该脉冲响应的能量逐渐被结构所耗散，故曲线再次重合到一起。另外，时间差越长，响应恢复的时间也越长。当研究无须对瞬态响应差异进行关注时，可以采用简化后的一次性失效替代渐进性失效过程进行分析。在 TLP 失去 T2 后，T3/T8 的张力会轻易突破极限，从而进入第二阶段，即 T2 失效到 T3/T8 失效阶段。

3.2.4.2 T2-T3/T8，225° 迎浪

在这一阶段，T1 和 T2 不再参与对平台的系泊作用，而后，T3 和 T8 被拉伸至极限状态。图 3-22 中表示的第一阶段筋腱的张力曲线局部放大后如图 3-24 所示。它们的张力波动有一个向上的趋势，并且出现最高峰值的 260.8 s 可作为其最有可能断开的时刻。需要注意，所有筋腱断开的时刻是指其维持连接的最后时刻，而不是不再连接的即刻。第二阶段的平台姿态如图 3-25 所示。其中，图 3-25（a）显示了 T3/T8 断开前时刻，而图 3-25（b）显示的是紧接着的下一个时间步长。与第一阶段的平台姿态图组合起来进行观察可以发现，在 T1 失效 9.3 s 后，平台出现了绕其对角线大角度的倾斜。一方面，当双筋失效后，立柱周围的超越浮力使得平台倾斜；另一方面，倾斜后的平台底面会受到来自波和流的侧向荷载，这会继续加剧平台的倾斜。筋腱的张力、平台浮体的位移及立管的张力分别由图 3-26、图 3-27 及图 3-28 给出。在这一阶段，平台各自由度的运动出现

了明显增长。R1 立管的张力变为了两倍，所以在渐进性失效过程中立管存在很大被破坏的风险。通过观察 T4/T7 的张力曲线，它们肯定在 260.8 s 之后立即经历了拉伸失效。实际上，在 T3 和 T8 失效后，剩余的筋腱系泊系统将立即进入第三阶段，即整体系泊失效。

(a)

(b)

(c)

图 3-20　平台不同时刻的姿态

(a)T1 断开前　(b)T1 断开后　(c)T2 断开后

3.2.4.3　T3/T8-更多筋腱，225° 迎浪

整体系泊失效开始于 T3/T8 失效之后。当 T4/T7 继续失效时，在这一极端海况下，平台已失去 8 根张力筋腱中的 6 根。如此恶劣的环境条件下，剩余 2 根也不会再有足够的强度来保证平台在位。即使它们仍然可以继续工作，这样少数量的筋腱也无法维持平台的在位

稳定。TTR 还有很大的可能性遭到破坏，毕竟立管不是设计用来作为系泊系统主要构件的。筋腱渐进性系泊失效的上述 3 个过程描述了一个局部系泊失效最终发展为灾难性的整体系泊失效的典型案例。另外，如果第一根失效筋腱为 45° 背浪位置，那么其他筋腱没有继续失效的危险。

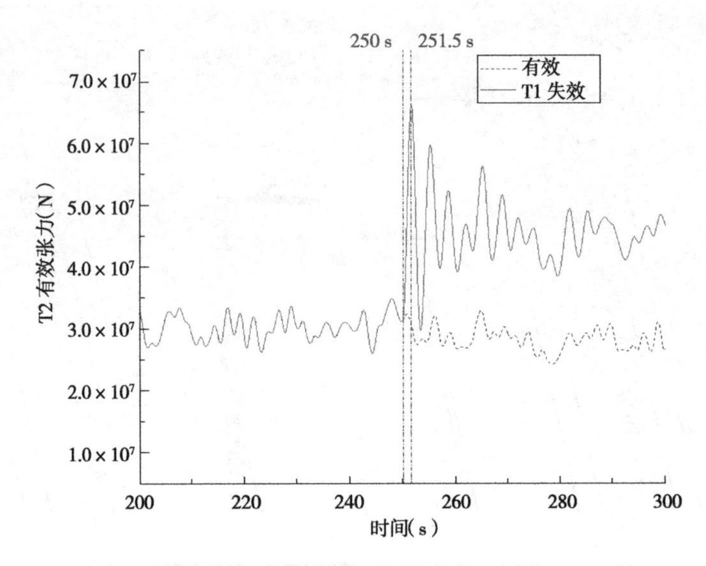

图 3-21 T1 失效后 T2 的张力曲线

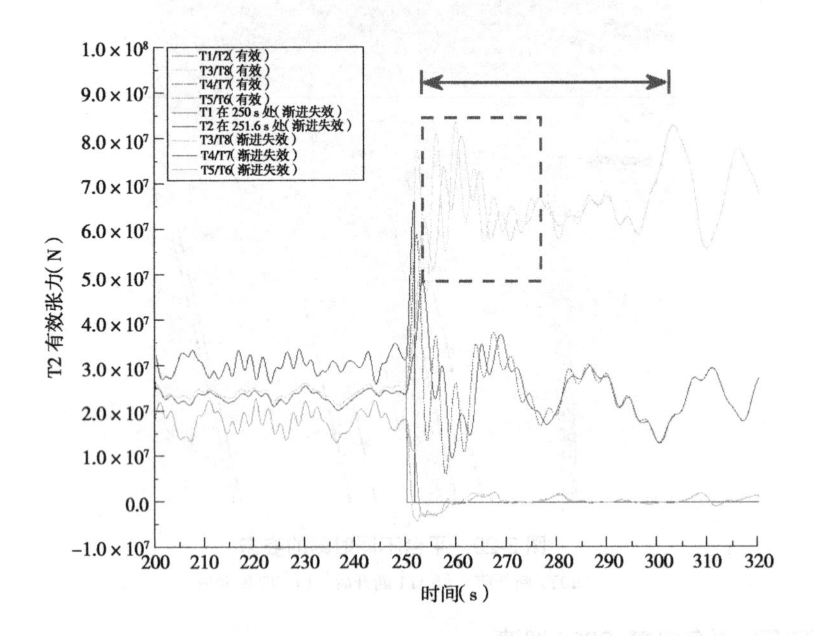

图 3-22 双筋同时失效及渐进性失效下筋腱的张力曲线

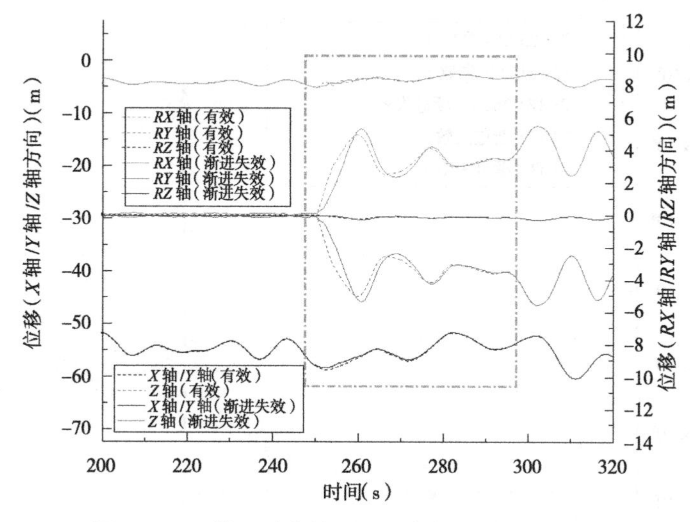

图 3-23　双筋同时失效及渐进性失效下的位移曲线

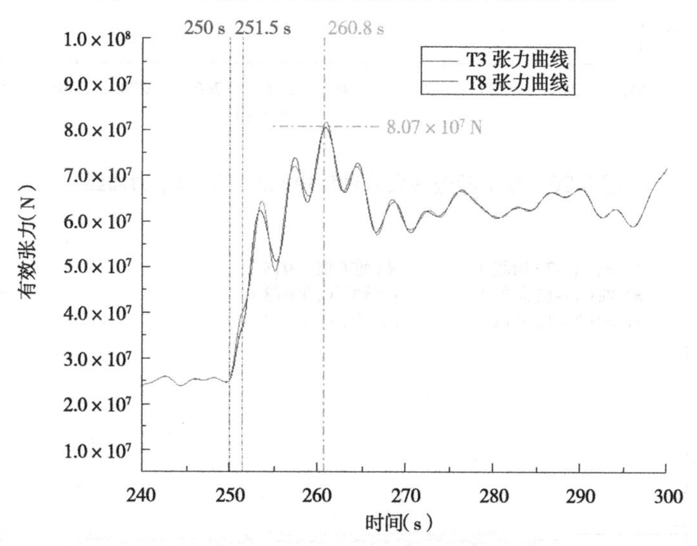

图 3-24　双筋失效后 T3/T8 的张力曲线

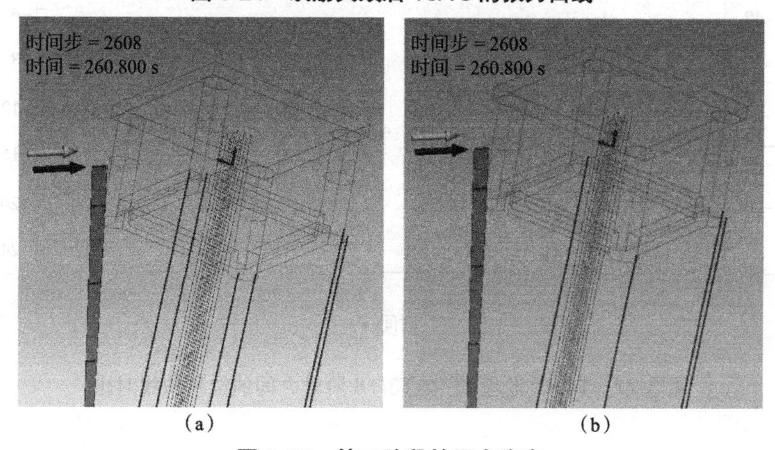

(a)　(b)

图 3-25　第二阶段的平台姿态

(a)T3/T8 断开前　(b)下一个时间步

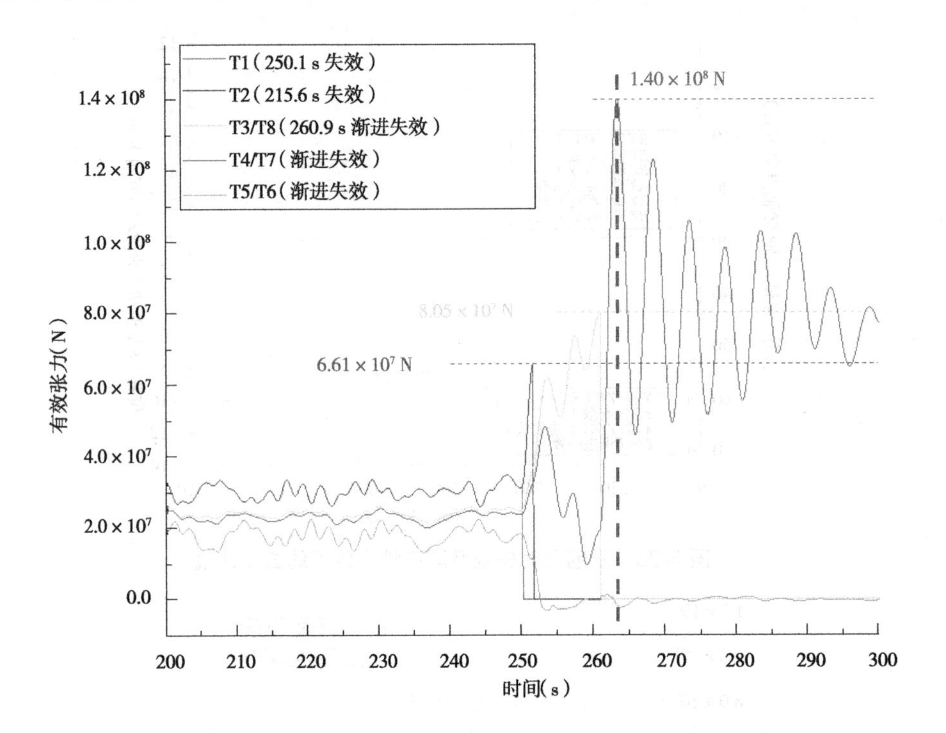

图 3-26 整个渐进性失效过程中的筋腱有效张力曲线

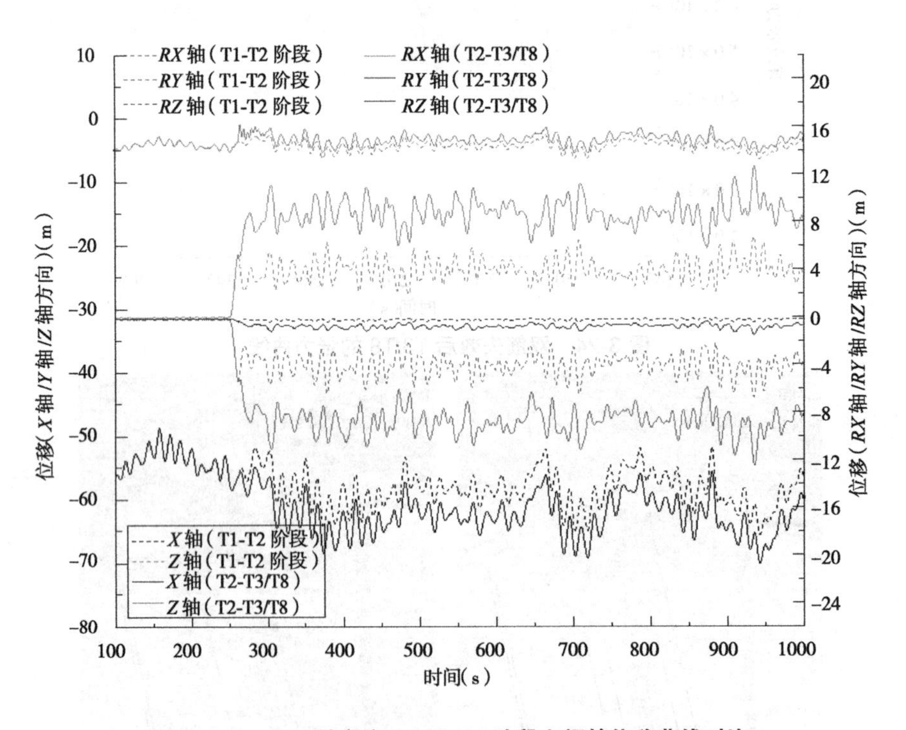

图 3-27 T1-T2 阶段和 T2-T3/T8 阶段之间的位移曲线对比

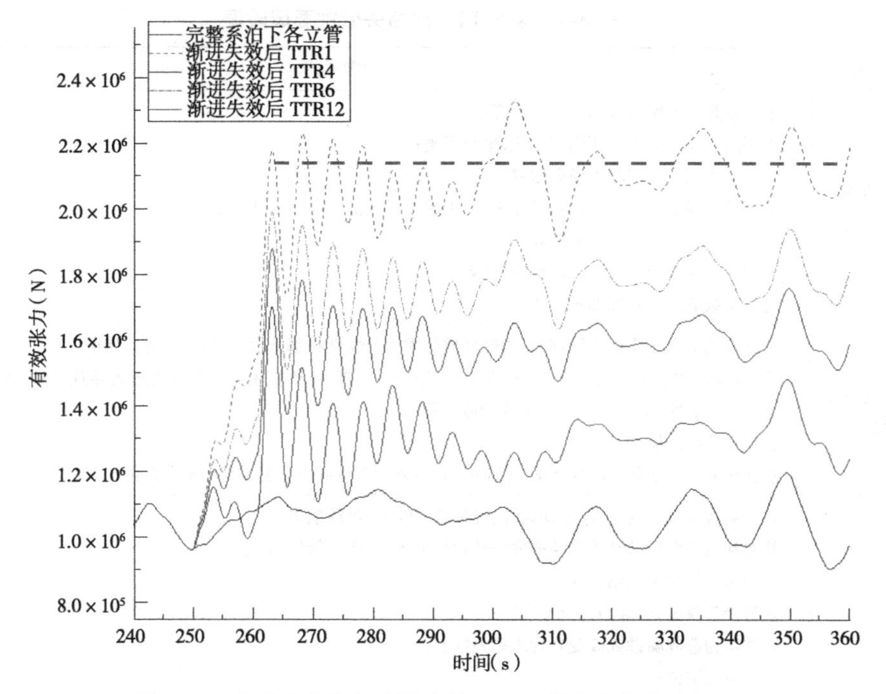

图 3-28　完整平台和渐进性失效下 TTR 的张力曲线对比

3.3　张力腿平台顶张式立管屈曲失效风险分析

顶张式立管是张力腿平台的关键部件,也是海洋油气管线中最为薄弱易损的构件之一。其在内部流体和外部荷载的共同作用下极易发生结构屈曲失效。因此,有必要针对结构屈曲失效风险进行集中研究,通过风险分析可以提出更具针对性的防控措施,从而降低其失效风险,提高安全性。

3.3.1　立管屈曲失效风险辨识

根据风险研究的基本理论,风险辨识是风险分析的第一项任务,需参考国内外相关资料,运用科学方法辨识深水立管在复杂荷载条件下的失效模式。文献资料中单独讨论立管屈曲的案例很少,且通常不区分立管失效是否直接由于或者包含结构屈曲失效,这增加了风险辨识难度。由于本书仅把顶张式立管的屈曲失效作为研究范围,故传统基于事故案例的辨识方式不适用,而采用从结构致灾机理出发,整理、归类基本风险形式或路径的辨识方式。

经过广泛查阅 TLP 使用 TTR 的相关介绍资料,总结出可能造成深水 TTR 屈曲的主要风险源共分 4 类 30 项,见表 3-4。

表 3-4 深水 TTR 屈曲失效主要风险源

风险源	风险源描述
立管顶部张力失效	平台位置由于舱室破损而大幅改变； 水深由于潮汐等因素而剧烈变化，平台下坐； 平台涡激运动引起较大横向偏移； 平台的大幅垂向运动导致张紧器失效，引起立管屈曲，例如 set-down 现象； 张紧器突破最大位置以致损坏； 张紧器自身故障，全部或部分油缸失效； 地震荷载造成立管底部脱离连接
立管大变形或大位移	当立管随平台发生横向偏移时，内部介质的重力及惯性将部分由立管承受，导致屈曲； 极端环境荷载（波浪、流、台风、海啸）直接作用于立管，由于拖曳力或惯性力过大导致屈曲，例如侧向流造成立管顶部或底部角度过大（下放及回收过程）； 立管剧烈涡激振动； 立管水下部分浮重分布不合理，例如海流造成侧向弯折或自重超过平台悬重而底部压缩（下放及回收过程）
材料或部件缺陷	立管制造误差，包括壁厚不均匀性、椭圆度、初始材料缺陷等； 外部和内部介质的结构腐蚀造成局部材料失效，导致立管屈曲； 飞溅区空气和水的结构腐蚀； 立管接头渗漏，引起内外交叉腐蚀； 海洋生物造成腐蚀或改变立管水动力性能； 立管应力腐蚀； 钻井状态下，由于立管角度偏差过大，钻杆的旋转和伸缩对立管的磨损造成材料失效； 溢油火灾高温使立管材料失效； 生产状态中，内部介质温度（井口出油高温）使立管材料失效； 立管撞击平台； 立管之间碰撞； 船舶、锚、拖网渔具、平台及船舶坠物、水下机器人（Remotely Operated Vehicle，ROV）撞击立管； 外部爆炸冲击立管； 平台大幅侧向运动引起立管接触平台及其上装置，导致立管弯折屈曲，例如风、浪、流及涡激运动等； 平台的大幅摇摆，引起立管接触平台及其上装置，导致立管弯折屈曲； 平台位置由于锚泊系统失效而大幅改变； 平台位置由于压载舱失效而大幅倾斜； 立管下放及回收阶段，人为操纵机械设备（吊机、ROV 等）和船只失误，造成碰撞（立管与平台、立管之间、ROV 与立管）； 立管下放及回收阶段，扶正设备失效造成立管突破顶部角度极限； 同时布置多根立管的情况下，立管间距不合理，海流作用下与相邻立管发生碰撞导致屈曲
内压瞬时降低	立管介质循环漏失、立管接头渗漏、立管阻塞或形成内压瞬时段塞流，使内部排空造成压降； 降低循环设备失灵，管内流体流态突变造成的快速压力波动使立管压溃屈曲

3.3.2 故障树建立与分析

3.3.2.1 立管屈曲失效故障树建立

故障树分析（Fault Tree Analysis，FTA）法是对需要风险评价的系统的风险事件按照一定的逻辑关系组织成故障树进行分析的方法。故障树是由一些基本事件和一些基本逻辑符号组合而成的树形图。此外，还有基于模糊数学理论改进形成的模糊故障树分析（Fuzzy Fault Tree Analysis，FFTA）法。本节风险分析采用模糊故障树法，并通过人工演绎进行故障树的建立。

TTR 根据功能的不同可分为钻井立管和生产立管等。其屈曲形式主要分为整体屈曲和局部屈曲。故 TTR 屈曲失效故障树的建立既要划分出两种基本屈曲形式,也要考虑到多种立管状态的存在。为此,故障树中添加了“立管状态事件”,以区分立管在不同阶段可能发生的屈曲失效形式。最终,在所建立的故障树模型中顶事件设置为“TTR 屈曲失效”;二级结果事件分别为“整体屈曲”和“局部屈曲”;三级结果事件为 4 种基本的屈曲风险形式,分别为顶部张力失效、大变形/大位移、材料或部件缺陷、内压瞬时降低。故障树的各级事件编号、名称及分支如图 3-29 和表 3-5 所示,其中绿色填充表示立管状态事件,虚线边框表示故障树底事件,红色部分为相似子树。

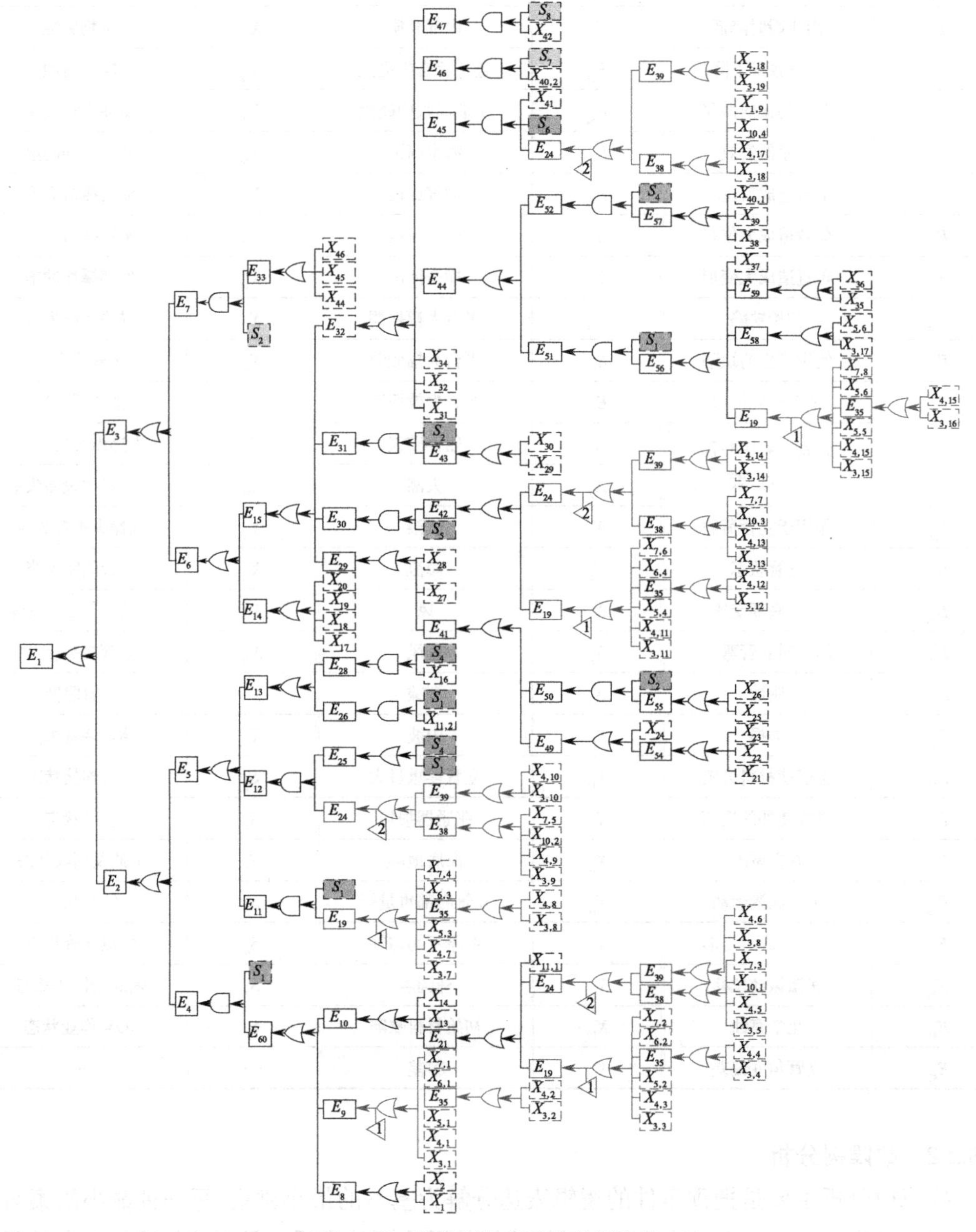

图 3-29　故障树的各级事件及分支

表 3-5 故障树事件编号及名称

事件编号	事件名称	事件编号	事件名称	事件编号	事件名称
E_{1}	TTR 屈曲失效	E_{43}	高温	X_{21}	一般海水腐蚀
E_{2}	整体屈曲	E_{44}	立管与平台碰撞	X_{22}	甜性腐蚀环境
E_{3}	局部屈曲	E_{45}	立管间碰撞	X_{23}	酸性腐蚀环境
E_{4}	顶部张力失效	E_{46}	船只与立管碰撞	X_{24}	空气海水腐蚀
E_{5}	大变形或大位移	E_{47}	立管与 ROV 碰撞	X_{25}	内部腐蚀
E_{6}	材料或部件缺陷	E_{49}	外部介质	X_{26}	内外交叉腐蚀
E_{7}	内压瞬时降低	E_{50}	内部介质	X_{27}	生物腐蚀
E_{8}	立管顶部下降	E_{51}	连接状态中碰撞	X_{28}	应力腐蚀
E_{9}	TLP 的横向偏移	E_{52}	下放回收中碰撞	X_{29}	溢油火灾高温
E_{10}	张紧器失效	E_{54}	海水腐蚀	X_{30}	井口出油高温
E_{11}	平台造成大位移	E_{55}	油气腐蚀	X_{31}	渔具撞击立管
E_{12}	荷载造成大位移	E_{56}	碰撞原因	X_{32}	坠物撞击立管
E_{13}	布置造成大变形	E_{57}	撞击原因	X_{34}	外部爆炸冲击
E_{14}	初始缺陷	E_{58}	平台大幅摇摆	X_{35}	锚泊系统失效
E_{15}	使用产生的缺陷	E_{59}	平台大幅倾斜	X_{36}	压载舱失效
E_{19}	平台横向偏移	E_{60}	张力失效原因	X_{37}	张紧器损坏
E_{21}	张紧器到达冲程"最大位置"	X_{1}	船体破损	X_{38}	人操纵吊机失误
		X_{2}	大潮	X_{39}	月池对中设备失效
E_{24}	作用于立管荷载	X_{3}	波浪	X_{40}	人操纵平台失误
E_{25}	立管状态	X_{4}	海流	X_{41}	立管间距不当
E_{26}	立管底部受压	X_{5}	风	X_{42}	人操纵 ROV 失误
E_{28}	回收时立管弯折	X_{6}	台风	X_{44}	立管接头渗漏
E_{29}	腐蚀	X_{7}	海啸	X_{45}	立管阻塞
E_{30}	磨损	X_{10}	内波	X_{46}	循环装置失灵
E_{31}	温度使材料失效	X_{11}	立管浮重过大	S_{1}	立管连接状态
E_{32}	碰撞使外部损坏	X_{13}	张紧器损坏	S_{2}	生产状态
E_{33}	真空诱因	X_{14}	海底地震	S_{4}	下放及回收状态
E_{35}	平台涡激运动	X_{16}	立管底部重量轻	S_{5}	钻井状态
E_{38}	外力造成的变形	X_{17}	壁厚不均匀性	S_{6}	多根立管状态
E_{39}	涡激振动位移	X_{18}	椭圆度	S_{7}	辅助船作业状态
E_{41}	化学腐蚀	X_{19}	初始材料缺陷	S_{8}	ROV 作业状态
E_{42}	立管角度偏差	X_{20}	容差	—	—

3.3.2.2 故障树分析

故障树分析主要是把顶事件的逻辑表达分解为基本的最小割集,每一种最小割集对应一种基本风险形式或称为风险路径。对故障树的风险评估本质上是对该故障树包含的所有最小割集的发生概率和发生后果的评估，并对最小割集的求解采用上行法。

该故障树共包含 102 个最小割集，其中 13 个 1 阶最小割集，83 个 2 阶最小割集，6 个 3 阶最小割集。其中，S 表示立管状态事件，X 表示故障树一般底事件，其二级编号用于区分不同最小割集下的共因事件。共因事件的意义在于：虽然组成不同失效路径的风险源相同，但其各自达到触发逻辑门程度的概率不同，例如造成立管直接屈曲的波浪级别和造成立管碰撞平台而导致屈曲的波浪级别并非同一个级别，不同级别有各自对应的发生概率。

3.3.3　风险形式层面下的专家综合评价

由于统计数据的缺乏和精确度不足，导致深水 TTR 屈曲风险难以用经典概率论方法进行定量的安全评估。然而，专家综合评估法可很好解决上述困难。该方法是目前国际上通用的风险分析方法。

本书采用 TTR 屈曲风险形式层面下概率与后果并重的分析过程，在前期专家对各个基本风险形式的概率和后果分别评价的基础上兼顾风险的两大要素，进行两者并列的风险分析。与普通风险评估方式相比，该方法能够更具针对性地找出风险薄弱环节，并据此提出相应防控措施。结合上述设计思路，专家综合评估在本研究中主要有两点具体应用。

（1）在风险概率的确定过程中，依据专家的实际工程经验定性判断立管各失效形式中基本事件发生概率的大小。

（2）在风险后果的评价过程中，依据专家经验定性判断立管各失效形式的后果严重程度。

根据上文建立的立管屈曲失效故障树及故障树定性分析结果，设计用于专家综合评估方法实施的评价表。本次评价共发放专家综合评价表 40 余份，邀请国际海洋立管领域专家、海洋石油企业立管工程师、高校教师及研究人员等为其打分，最终实际收回评价表 30 份，有效评价表 28 份。有效评价表实际参与后续风险分析计算。由于首次打分结果在某些点位样本方差过大，体现出专家意见存在分歧，因此对方差超过 3.5 的打分点组织二次打分。

3.3.4　故障树的模糊定量计算方法

采用专家综合评估方法时，专家打分过程本身具有一定模糊性，存在一定程度的判断误差。为了将这种主观性误差尽可能降低，采取模糊故障树法来提高风险分析的效率、可靠性、准确性和机动性。故障树模糊定量计算步骤示意如图 3-30 所示。本书所采用的专家评价语言描述向风险值进行转化的隶属函数如图 3-31 所示，风险概率及后果的隶属函数相同。

下面介绍风险值转化的计算过程。

通过求解各截集的上、下限，将其代入专家意见总模糊集公式，设专家们选择 7 种不同描述的票数分别为 $a_1 \sim a_7$，则各专家意见总的模糊集

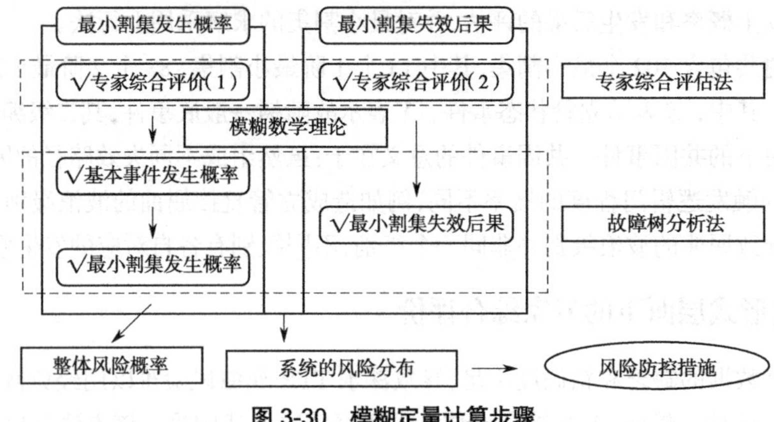

图 3-30 模糊定量计算步骤

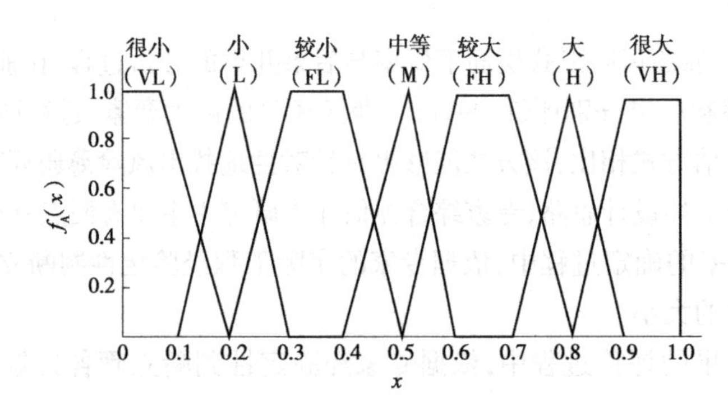

图 3-31 三角形或梯形隶属函数

$$\begin{aligned} f_{\mathrm{VL\oplus L\oplus FL\oplus M\oplus FH\oplus H\oplus VH}}(z) &= \max\left|f_{\mathrm{VL}}(x)\wedge f_{\mathrm{L}}(x)\wedge f_{\mathrm{FL}}(x)\wedge f_{\mathrm{M}}(x)\wedge f_{\mathrm{FH}}(x)\wedge f_{\mathrm{H}}(x)\wedge f_{\mathrm{VH}}(x)\right| \\ &= \left|\sum_{i=1}^{7} a_i\otimes L_i(\lambda),\sum_{i=1}^{7} a_i\otimes S_i(\lambda)\right| \end{aligned}$$

其中，$L_i(\lambda)$、$S_i(\lambda)$分别对应 7 个隶属函数的截集上、下限。继续使用下式求解总模糊集的平均模糊数 W，即

$$W=\frac{1}{\sum_{i=1}^{7} a_i}\otimes f_{\mathrm{VL\oplus L\oplus FL\oplus M\oplus FH\oplus H\oplus VH}}(z)$$

令投票数的平均模糊数 $W_a=|z_1,z_2|=|C_1 0.1\lambda+D_1,-C_2 0.1\lambda+D_2|$（其中，$a$ 为投票数；z_1、z_2、C_1、C_2、D_1、D_2 为平向模糊数计算中得到的各项系数），已知 λ 截集表达式，推导其隶度函数，则平均模糊数 W 的隶度函数为

$$f_W(z)=\begin{cases}\dfrac{z_1-D_1}{0.1C_1} & D_1<z\leqslant 0.1C_1+D_1 \\ 1 & 0.1C_1+D_1<z\leqslant -0.1C_2+D_2 \\ \dfrac{-z_2+D_2}{0.1C_2} & -0.1C_2+D_2<z\leqslant D_2 \\ 0 & \text{其他}\end{cases}$$

由于 W 仍然是一个模糊集合的概念，并非可用于比较和判断的明确风险值，故再利用左右模糊排序法，将平均模糊数 W 转化为模糊可能性值（Fuzzy Probability Score，FPS）。该方法定义最大模糊集 $f_{\max}(x)$ 和最小模糊集 $f_{\min}(x)$ 分别为

$$f_{\max}(x)=\begin{cases}x & 0<x<1\\1 & \text{其他}\end{cases}$$

$$f_{\min}(x)=\begin{cases}1-x & 0<x<1\\1 & \text{其他}\end{cases}$$

左右模糊可能性值 $\mathrm{FPS_R}(W)$、$\mathrm{FPS_L}(W)$ 及最终模糊可能性值 $\mathrm{FPS_T}(W)$ 分别为

$$\mathrm{FPS_R}(W)=\sup_x\left[f_W(x)\wedge f_{\max}(x)\right]$$

$$\mathrm{FPS_L}(W)=\sup_x\left[f_W(x)\wedge f_{\min}(x)\right]$$

$$\mathrm{FPS_T}(W)=\left[FPS_{\mathrm{R}}(W)+1-FPS_{\mathrm{L}}(W)\right]/2$$

对不同类型的专家评价对象而言，FPS 可作为立管状态事件的发生概率，表示立管处于特定状态的可能性，也可以是最小割集发生后果的严重性参考值，但由于一般底事件的失效概率通常集中于 [0，1] 区间的左端，且为一小值，故在对一般底事件与立管状态事件的评价中，相同语言描述的概率参考值应有所区别，这样需对求得的概率值做下述进一步处理。为了将 FPS 转化为一般底事件的模糊失效概率（Fuzzy Failure Rate，FFR），采用下式进行计算：

$$\mathrm{FFR}=\begin{cases}1/10^k & \mathrm{FPS}\neq 0\\0 & \mathrm{FPS}=0\end{cases}$$

其中，$k=[(1-\mathrm{FPS})/\mathrm{FPS}]^{1/3}\times 2.301$。

求得故障树所有底事件的发生概率后，可采用下式来近似计算故障树顶事件的发生概率 $P(T)$，即

$$P(T)=\sum_{i=1}^{n}P(K_i)$$

根据故障树模糊定量计算的结果，本书求得深水 TTR 屈曲失效的系统总体发生概率上限为 12.01%，，并绘制出 TTR 屈曲失效风险散点分布，如图 3-32 所示。

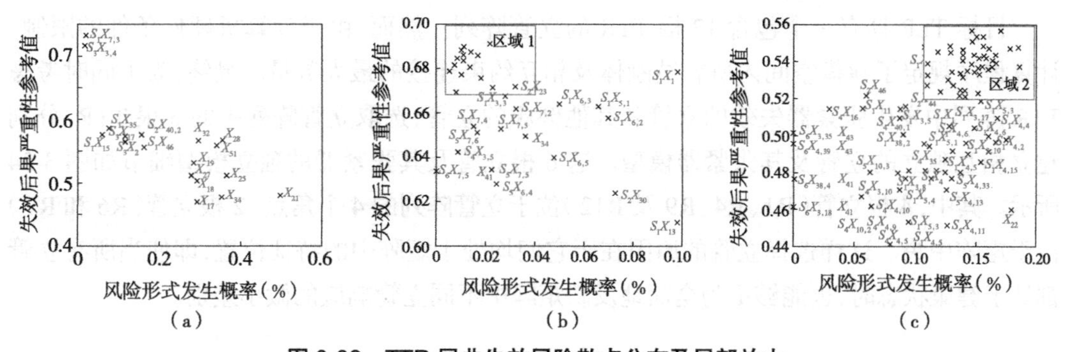

图 3-32　TTR 屈曲失效风险散点分布及局部放大

（a）TTR 屈曲失效风险散点分布　（b）区域 1 放大　（c）区域 2 放大

在风险发生概率方面，X_{21}、X_{23}、X_{24}、X_{28}、X_{31} 的发生概率较大，分别为 0.50%、0.36%、0.35%、0.35% 和 0.34%。其中 X_{21} 为一般海水腐蚀造成使用中产生的缺陷，屈曲抗力不足，以致发生局部屈曲；X_{23} 为酸性腐蚀环境造成使用中产生的缺陷，屈曲抗力不足，以致发生局部屈曲；X_{24} 为空气海水腐蚀（飞溅区保护涂层失效）造成使用中产生的缺陷，屈曲抗力不足，以致发生局部屈曲；X_{28} 为应力腐蚀造成使用中产生的缺陷，屈曲抗力不足，以致发生局部屈曲；X_{31} 为渔具撞击立管造成的外部损坏，以致发生局部屈曲。

在风险发生后果方面，以 $S_1X_{7,1}$ 和 S_1X_{14} 为代表，其严重性参考值分别为 0.730 和 0.716。风险形式 $S_1X_{7,1}$ 为海啸导致平台的横向偏移，以致 TLP 的 set-down 运动，顶部张力失效，造成整体屈曲；S_1X_{14} 为海底地震造成立管底部脱离连接，使得顶部张紧器张紧作用失效，发生整体屈曲。

其他的风险形式主要集中在发生概率为 0%~0.20% 的范围内和后果严重性参考值为 0.45~0.65 的范围内。评估结果中，分布图右上角区域未出现样本点，即没有出现发生概率较大且后果较严重的风险形式。

3.4 张力腿平台立管张紧器局部失效响应研究

深水张力腿平台立管张紧器局部失效问题是继平台局部系泊失效问题后又一个值得深入研究的问题。张力筋腱和立管都是与 TLP 平台浮体相连的重要结构，但由于立管并不属于平台的系泊系统，对平台形成的运动约束很小，故偶然的立管失效问题不会给平台状态带来明显改变。而立管张紧器的偶然局部失效则会像张力筋腱失效带给平台变化那样地带给张紧器和立管明显变化。另一方面，如果发生的是系泊或立管张紧器的整体失效问题，由于发生概率微乎其微，而且造成的都是平台漂走或倾覆、立管坠落和废弃等严重的灾难性后果，研究意义反而不大。所以，本节在前面几节的基础上对立管张紧器的局部失效响应进行分析和讨论。

3.4.1 张紧器局部失效模拟方法与数值模型构建

求解张紧器局部失效问题的技术路线如图 3-33 所示。

目标 TLP 具有一个包含 12 根 TTR 的立管阵列。然而，由于计算机硬件条件的限制，计算程序规定了建模空间内所容纳刚体及相互约束连接的最大数量。最终，为了同时考虑 TTR 阵列中发生张紧器失效的立管和其他健康的立管，选取立管阵列中的 6 根 TTR，分别建立相互独立的立管及其张紧器模型。这 6 根立管及其张紧器的独立模型细节如图 3-34 所示。其中，4 根立管（R1、R4、R9 及 R12）位于立管阵列的 4 个角点，2 根立管（R6 和 R7）位于矩阵中央。这样选择立管的原因在于它们均处于矩阵中的特征位置，即使当所有立管都处于健康状态时，也能够更为全面地反映矩阵中不同立管响应的微小差别。

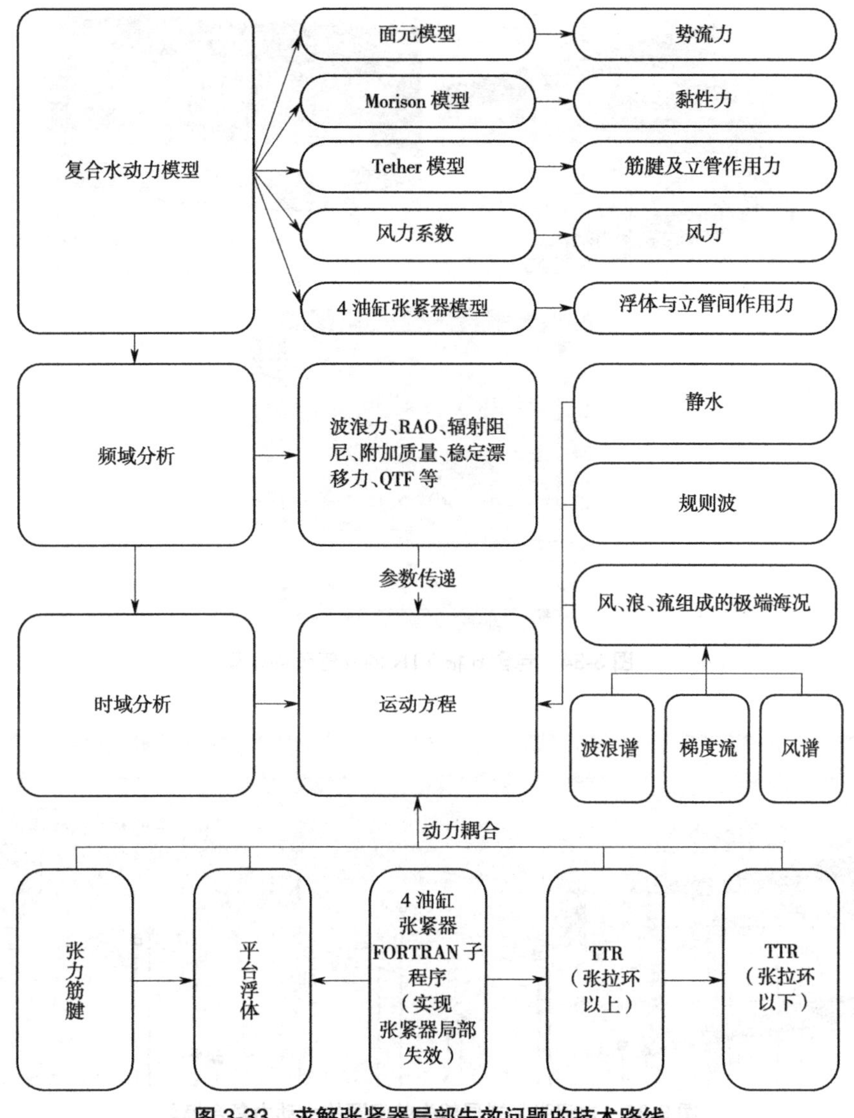

图 3-33　求解张紧器局部失效问题的技术路线

经过此次模型调整，用于求解张紧器局部失效问题的包含 6 根独立 TTR 及其张紧器的 TLP 平台水动力复合模型如图 3-35 所示。

3.4.2　环境荷载条件与计算设置

本研究分别通过对静水海况、规则波海况及风、浪、流组合下极端海况的模拟来分析立管张紧器局部失效下该耦合动力系统的水动力响应。不规则波时间历程通过 JONSWAP 谱生成。为了获得不同海况条件下立管张紧器局部失效的结构响应，在规则波海况分析中使用了不同的波浪周期、幅值及浪向。所选择环境荷载条件的详细气象及海洋学数据见表 3-6。考虑目标 TLP 的对称性，依然仅考虑 0° 及 45° 两个环境荷载方向。

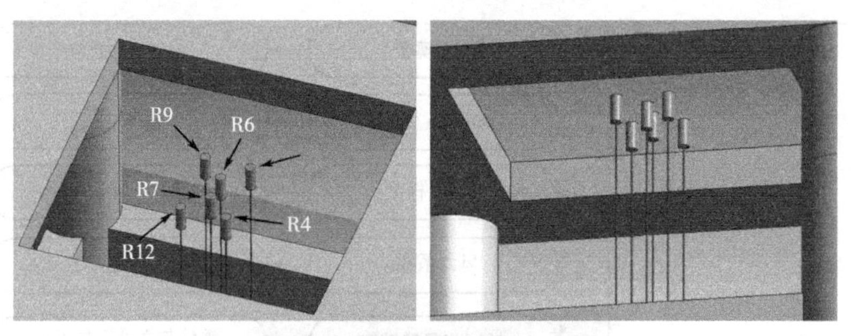

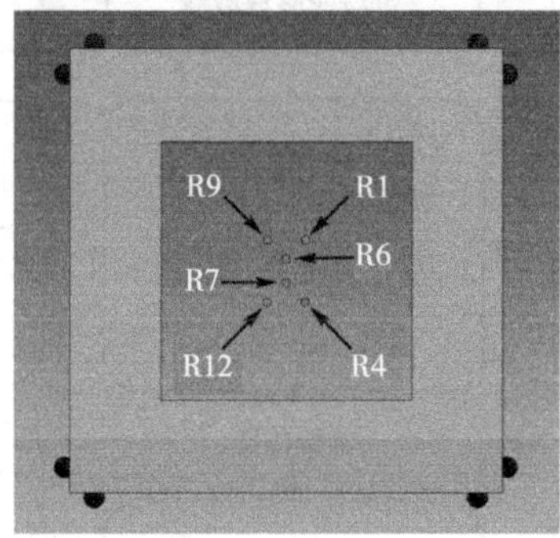

图 3-34 包含 6 根 TTR 的立管阵列模型

图 3-35 求解张紧器局部失效问题的水动力复合模型

表 3-6 详细气象及海洋学数据

	周期(s)	幅值(m)	浪向
规则波海况 (线性 Airy 波) 波浪	10	8	0°
	16	8	0°
	10	8	45°

续表

极端海况（千年一遇热带气旋）	不规则波	波浪谱	JONSWAP
		有义波高 H_s(m)	16.5
		谱峰周期 T_p(s)	17.2
		浪向	0°/45°
		Gamma 值	2.4
	风	风谱	NPD
		基准高度(m)	10.0
		1 h 风速(m/s)	53.0
		风向	0°/45°
	流	深度(m)	流速(m/s)
		0	2.8
		23	2.63
		68	2.31
		113	1.99
		159	1.52
		204	1.37
		249	1.24
		294	1.14
		340	1.06
		385	1.04
		450	0.73
		流向	0°/45°

由于 TLP 浮体-立管张紧器耦合动力系统构造复杂，为了保证计算的收敛性，对所有工况采用 0.02 s 的计算步长，数值模拟的结果输出步长为 0.1 s。另外，所有工况统一选取 1 000 s 的计算总时长，以使得计算开始处的初始条件效应、张紧器突然失效产生的结构瞬态响应都能充分衰减。计算结果方面，主要输出张紧器各油缸张力及冲程变化的时间历程，同时也适当输出 TTR 的挠度响应作为补充。

3.4.3　规则波中的张紧器局部失效计算

立管张紧器的基本功能是缓和并调节由于平台和立管受到环境荷载而引起的立管顶部张力的变化。虽然当立管较其初始长度被拉长时，其顶部张力也同在生产甲板和立管顶部之间没有配置张紧器时一样会增加，但配置了张紧器的立管其顶部张力并不会增加那么多，以至于造成结构损伤，反之亦然。作用于一座浮式平台的最典型环境荷载是来自规则波的水动力。与 TLP 局部系泊（张力筋腱）失效不同，由于张紧器的高度高出平台水线很多，始终不与水面接触，所以当立管位于迎浪位置和背浪位置时张紧器的失效响应不会存在很大差别。然后,对比了考虑与不考虑斯特里贝克(Stribeck)摩擦的响应结果。这里以10 s-8 m-0° 规则波工况为例进行介绍。

在 10 s-8 m-0° 规则波的作用下,张紧器失效后平台的运动响应及立管的挠度响应(选择某一代表性时刻作为示意)如图 3-36 所示,作用于 R1 立管不同油缸的张力时程曲线如图 3-37 所示。不同油缸的冲程位置时程曲线由图 3-38 给出。失效的 R1 立管及健康的 R4 立管在 510 s 时的挠度曲线如图 3-39 所示。首先,将每一个完整的时间历程分为 3 个部分,并按先后顺序分别命名为健康阶段、瞬态阶段和稳态阶段。第一阶段从模型计算的初始条件效应几乎完全衰减之时起,到 500 s 为止。500 s 是人为设定的张紧器失效发生时刻。这一阶段中 R1 立管的张紧器仍处于健康状态。需要引起注意的是,为了从真实情况中的常规响应开始预报失效响应,而不是从一个静力响应开始预报,有必要在局部失效前进行健康阶段中一段时间的时域计算,而不是直接从失效时刻开始计算。第二阶段是从 500 s(1 号油缸突然失去大部分张力的时刻)至系统再次恢复稳定时止。系统恢复稳定的时刻可能会跟随不同的荷载工况设置而发生变化。第三阶段从张紧器恢复稳定并进入稳态响应时起,至时间历程的结尾(1 000 s)而止。

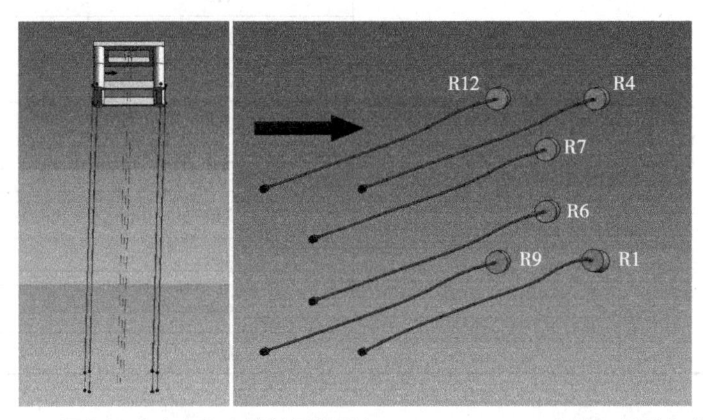

图 3-36 平台运动响应和立管轴测投影(10 s-8 m-0°,R1 立管 1 号油缸失效)

在健康阶段,由于油缸的布置在该荷载方向上的对称性,1 号油缸和 4 号油缸几乎具有相同的张力响应和冲程响应。相同的状态也发生在 2 号油缸和 3 号油缸之间。尽管如此,1 号和 4 号油缸与 2 号和 3 号油缸的响应之间还是存在很大不同的,无论就张力响应还是冲程响应而言,1 号和 4 号油缸的平均张力水平较 2 号和 3 号油缸更高,因为在 0° 浪向下平台将在波浪漂移力的作用下沿着 FRA 中的 X 轴方向出现偏移,然后张拉节出现倾斜。与之对应的,1 号和 4 号油缸具有较 2 和 3 号油缸更低的平均冲程。

在瞬态阶段中,2 号油缸上的张力具有一个 297.9 kN 的峰值,3 号和 4 号油缸的张力具有一个 292 kN 的峰值。这些张力峰值比健康阶段所有油缸 275.7 kN 的最大张力还要高。所以,液压张紧器的局部失效将造成油缸经历高于 HPT 健康状态下最大张力的冲击。而失效的 1 号油缸张力突然下降,并具有一个 1 502 N 的谷值。这是由其活塞具有向上的冲程速度而造成的。在冲程响应方面,在局部失效后很短的时间内所有油缸的活塞发生掉落。

然后 1 号油缸的活塞具有一个位于 −0.127 m 处冲程的回弹点；2 号油缸具有一个回弹点，位于 −0.099 m；3 号和 4 号油缸具有一个回弹点，位于 −0.072 m。

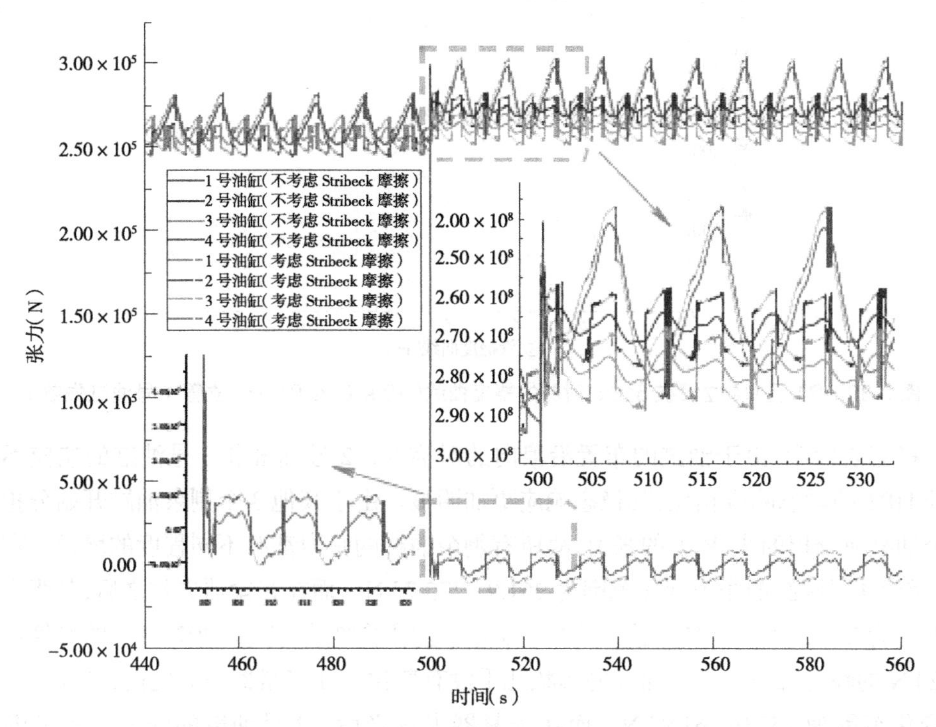

图 3-37　不同油缸上张力变化的时间历程(10 s-8 m-0°,R1 立管 1 号油缸失效)

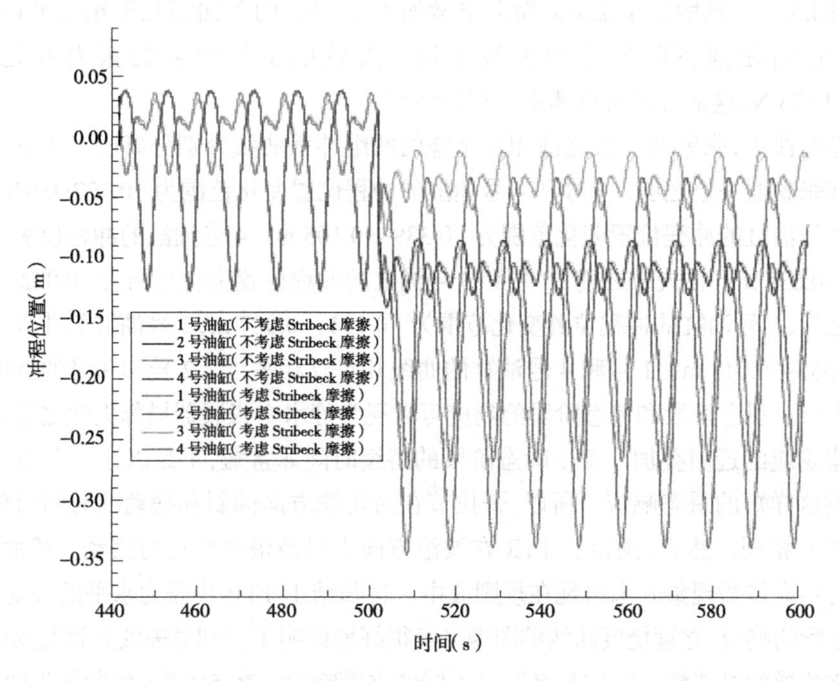

图 3-38　不同油缸冲程位置变化的时间历程(10 s-8 m-0°,R1 立管 1 号油缸失效)

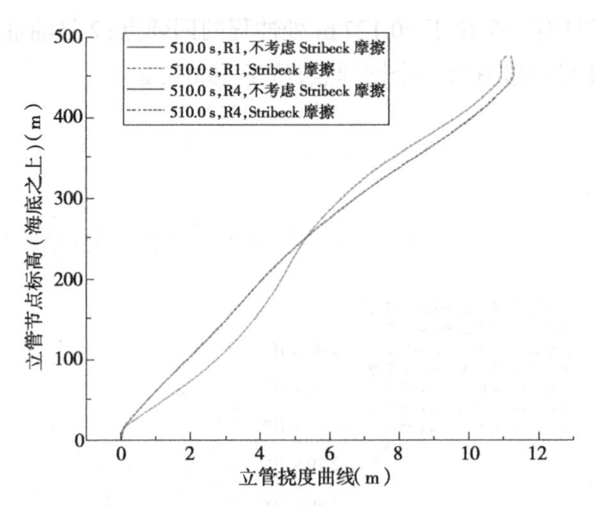

图 3-39 R1 及 R4 立管在 510 s 时刻的挠度曲线(10 s、8 m、0°,R1 立管 1 号油缸失效)

在稳态阶段中,由于油缸的布置沿浪向的对称性,2 号油缸和 3 号油缸的响应不再相同。与 HPT 的瞬态响应相比,其稳态响应更加明显。由于其他 3 个剩余油缸开始分担原本由 4 个油缸所分担的 TTR 上的张力,故所有剩余油缸的张力都有不同程度的增长。在张紧器失效前,4 号油缸的张力变化范围为 251.9~275.7 kN。而在张紧器失效之后,其张力的变化范围变为 261.2~297.7 kN。下限增加了 3.7%,上限增加了 8.0%。297.7 kN 的峰值还高于其 292 kN 的瞬态峰值。张力曲线的形状几乎没有变化。在张紧器失效之前,2/3 号油缸的张力变化范围为 252.0~261.9 kN。而在张紧器失效之后,2 号油缸的张力变化范围变为 268.6~275.9 kN。下限增加了 6.6%,而上限增加了 5.3%。3 号油缸的张力变化范围变为 258.3~265.9 kN。下限增加了 2.5%,而上限增加了 1.5%。两条曲线几乎相互平行,但曲线的形状和它们在健康阶段中的曲线不同。失效的 1 号油缸的张力变化范围变为 −5 548~4 173 N,这部分张力全部来自黏性摩擦。

在稳态阶段中,张紧器失效之前相互重叠的两组冲程曲线分别分离成了 4 条不同的冲程曲线。在张紧器失效之前,1 号和 4 号油缸的冲程位置变化范围为 −0.127~0.036 m,而在失效之后 1 号油缸的冲程位置变化范围为 −0.339~−0.105 m,4 号油缸的冲程位置变化范围为 −0.268~−0.035 m。在失效之前,2 号和 3 号油缸的冲程位置变化范围为 −0.032~0.035 m,而在失效之后,2 号油缸的冲程位置变化范围为 −0.131~−0.087 m,3 号油缸的冲程位置变化范围为 −0.061~−0.013 m。1 号和 4 号油缸的曲线几乎互相平行,2 号和 3 号油缸的曲线也几乎相互平行。瞬态阶段和稳态阶段的响应可以视为静水中张紧器局部失效之后响应和规则波下健康响应的近似叠加。由于瞬态阶段的持续时间非常短,不足以让一个 10 s 周期的波浪来影响这样短的瞬态响应。所以,张拉节在对角线方向倾斜和摆动的时间历程几乎与静水条件下的相同。然后,倾斜的 TTR 在波浪方向上以波浪频率进行摆动。然而,静水中出现的瞬态响应传播现象并未出现在规则波中。这归结于 TTR 中张力水平的改变。

至于立管的响应,立管挠度曲线的图像已经很好地证明了分别对失效立管及其他健康立管进行独立建模的必要性。它们具有明显不同的立管响应。在 510.0 s,张紧器失效的 R1 立管比健康的 R4 立管更加松弛，因为随着 1 号油缸的张力损失，在油缸的冲程被拉长之后张拉节的高度也下降了，松弛的立管中张力下降。可以在立管阵列中注意到，所有的健康立管应该具有几乎同步的响应，因为它们相互之间十分接近并且处于几乎相同的荷载条件下，除非平台在某些特殊情况下发生明显倾斜（例如筋腱失效）或出现立管干涉等。所以，R4 健康立管的响应情况还可以代表其他健康立管的响应。在图 3-39 中，仅显示出它们沿波浪方向的变形，波浪来自左侧，向右侧传播。虽然失效立管还具有垂直于浪向的变形，但由于这种变形与动力荷载无关，所以相对较小且稳定。R1 及 R4 立管位于立管阵列中的同一列，所以如果没有发生张紧器失效，它们的挠度曲线应当是重合的。健康立管的挠度曲线不仅源于自身的重力及浮力，还源于动力荷载，如波浪荷载、立管的惯性荷载以及张力荷载。另外，最上部立管单元节点应当满足张拉环处的边界条件。除了立管的挠度外，不同立管截面的横坐标还体现出平台的水平偏移，所以挠度曲线是倾斜的。当 R1 立管的 1 号油缸失效时，张拉节的倾斜造成了 R1 曲线顶部的弯曲，并且 R1 曲线的顶端位于 R4 曲线的左侧。因为 R1 立管张力在失效后下降，R1 挠度曲线具有和 R4 相同的形状和趋势，但 R1 曲线具有更大的幅值。需要注意的是，本图 3-39 的横纵坐标选取了不同的比例，所以立管的形状出现了失真，但它们的数值是正确的。最后，相比于张紧器失效，Stribeck 摩擦对于上述曲线的影响很小。

如果 Stribeck 摩擦参与到张紧器的响应过程中，当活塞下降时，油缸上的张力会高于不考虑 Stribeck 摩擦时的张力，反之亦然。考虑 Stribeck 摩擦模型的张力（图 3-37）和冲程响应在图 3-38 中由虚线进行表示。与从静水条件下获得的张力响应不同，这里的结果更加真实且有意义，因为规则波荷载总能使得活塞相对油缸的运动很明确，并且 Stribeck 摩擦也不足以大到能够改变它们之间的相对速度。很显然，Stribeck 摩擦可以放大张紧器油缸张力的变化区间，以至于无论在上述哪个阶段 TTR 的张力也被放大。所以，在求解该问题时考虑 Stribeck 摩擦是十分必要的。另外，Stribeck 摩擦并未使油缸的冲程位置时间历程变得与不带 Stribeck 摩擦时的有明显不同。

3.4.4　极端海况下的张紧器局部失效计算

在完成了静水条件及规则波条件下耦合动力模型的模拟之后，最终要评估极端环境荷载下张紧器局部失效的响应。在极端海况下，张紧器具有发生失效的最大可能性，因为此时油缸和液压系统为了调节立管的顶部张力具有很高的工作强度及工作负荷。选择 0° 荷载方向，此时失效油缸分别位于张紧器的角点及荷载轴线上。

在风、浪、流均为 0° 方向下，张紧器失效后平台的运动响应及立管的挠度响应（选择某一代表性时刻作为示意）如图 3-40 所示，作用于 R1 立管不同油缸的张力时程曲线如图 3-41 所示。它们各自冲程位置的时程曲线由图 3-42 给出。考虑 Stribeck 摩擦模型后的张力及冲程位置时程曲线由图 3-41 和图 3-42 中的虚线进行表示。基于从时域分析获得的响应输出结果，假设初始条件效应在计算开始的 200 s 内就已经完全衰减，并且有效的健康阶段从此刻开始。在健康阶段中，油缸的张力变化范围为 239~389.8 kN，分别为油缸初始预张力的 93.0% 和 151.7%。而在之后的稳态阶段中，油缸的张力有了一定增长，张力变化范围为 256~522.3 kN,分别为油缸初始预张力的 99.6% 和 203.2%。在这两个阶段之间的瞬态阶段中,油缸只有较小的张力峰值: 4 号油缸峰值为 336.2 kN, 2 号油缸峰值为 329.4 kN, 3 号油缸峰值为 322 kN。这些张力峰值比出现在后续稳态阶段的峰值还要低很多。在油缸的冲程变化方面,在健康阶段,所有油缸冲程位置的变化范围为 −0.67~0.083 m。在稳态阶段中,活塞的冲程位置有所下降,变化范围为 −1.192~−0.032 m。在图 3-42 中未观察到明显的油缸冲程位置峰值,这意味着在极端海况下冲程响应没有明确的瞬态阶段。对比静水条件下和规则波条件下的响应历程,随着环境荷载的加强,张紧器的瞬态响应也越来越弱。其原因可以归结为 HPT 张力水平的改变。环境荷载越强,HPT 的张力水平也就越高。瞬态阶段和稳态阶段中的响应还可以视为静水中张紧器局部失效后的响应与风、浪、流条件下健康阶段响应的近似叠加。当在模拟中考虑 Stribeck 摩擦时,极端环境条件下的张力变化时间历程与规则波之下的具有相同特点,未出现类似静水中张力响应曲线反复上下跳跃的情况。这说明 Stribeck 摩擦模型也可以适用于极端海况中的计算。

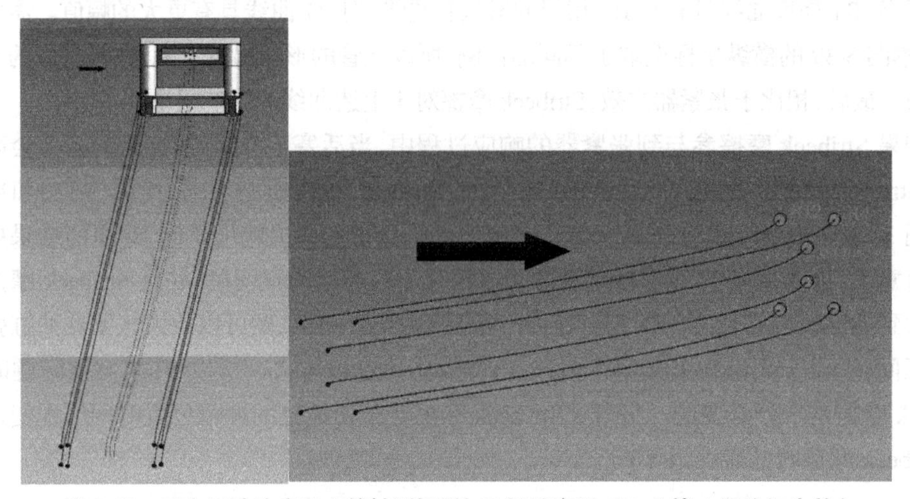

图 3-40 平台运动响应和立管轴测投影(0° 极端海况,R1 立管 1 号油缸失效)

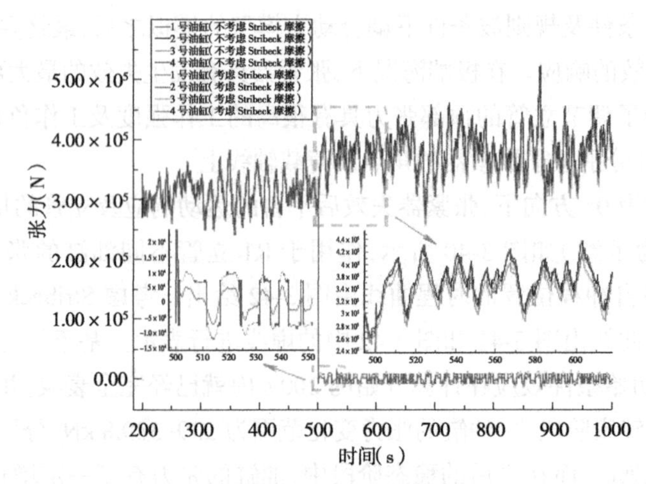

图 3-41 不同油缸上张力变化的时间历程(0° 极端海况,R1 立管 1 号油缸失效)

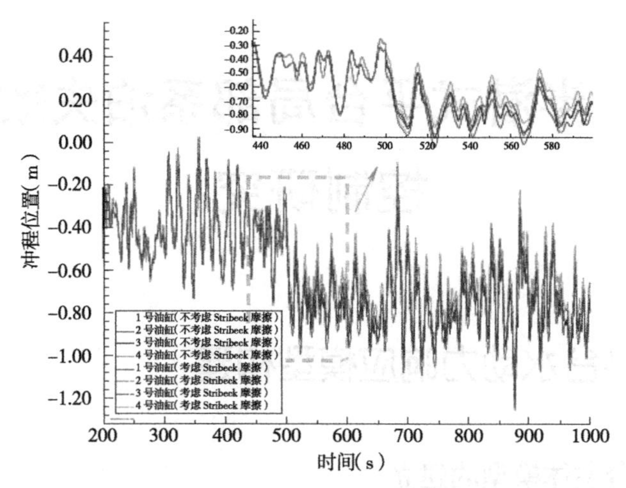

图 3-42　不同油缸冲程位置变化的时间历程(0° 极端海况,R1 立管 1 号油缸失效)

本章部分图例

说明:为了方便读者直观地查看彩色图例,此处节选了书中的部分内容进行展示。页面左侧的页码,为您标注了对应内容在书中出现的位置。

第4章 半潜式平台局部系泊失效和动力控制研究

4.1 半潜式平台水动力响应模型构建

4.1.1 半潜式平台主体模型的建立

本书以两艘工作在我国南海海域的新型半潜式平台为研究对象，其均配备有悬链式系泊系统。同时，在浮体底部装备有DP-3动力定位系统。其中，模型一为“深海一号”，主体模型参数见表4-1，平台总体布置如图4-1所示；模型二为“海洋石油981”，主体模型参数见表4-2。

表4-1 “深海一号”模型主体参数

参数	单位	数值
总宽	m	91.5
浮筒长	m	49.5
浮筒宽	m	21
浮筒高	m	9
立柱长	m	21
立柱宽	m	21
立柱高	m	59
吃水	m	37
排水量	t	105 000

表4-2 “海洋石油981”模型主体参数

参数	单位	数值
总长	m	114.07
总宽	m	78.68
箱型甲板底部距基线高度	m	30
上甲板距基线高度	m	38.6
下浮体长度	m	114.07
下浮体宽度	m	20.12

续表

参数	单位	数值
下浮体高度	m	8.54
双浮体中心线之间距离	m	58.56
立柱长度	m	17.385
立柱宽度	m	17.385
倒角半径	m	3.96
立柱中心线纵向间距	m	58.56
横撑直径	m	1.8
吃水深度	m	19
排水量	t	51 750
重心高度	m	24.8
横摇惯性半径	m	33.3
纵摇惯性半径	m	32.4
艏摇惯性半径	m	35

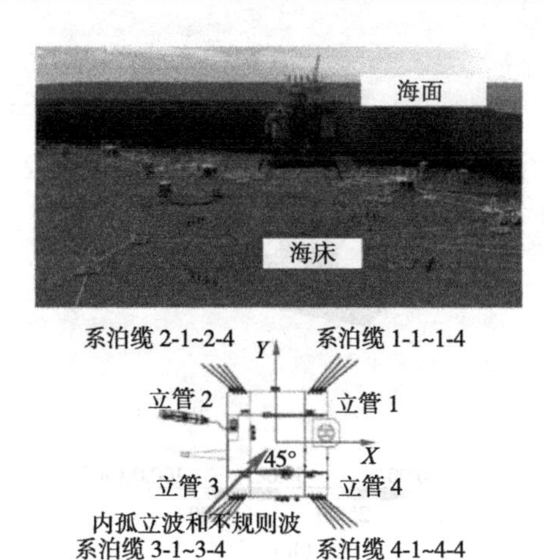

图 4-1 “深海一号”平台总体布置

由于本书只关注半潜式平台在环境荷载作用下的运动性能，而不进行结构应力计算分析。所以，只需要建立半潜式平台湿表面模型即可。同时，由于在计算时忽略了水的黏性，所以在立柱和附体内部建立莫里森杆件，以补偿其拖曳力。半潜式平台主体数值模型如图 4-2 所示。

4.1.2 半潜式平台系泊系统模型的建立

在进行系泊系统与结构物的耦合分析时，所采用的系泊系统分析方法为集中质量法。集中质量法将系泊缆离散成设定段数，每段系泊缆的质量集中均分在两端节点上，中间用无质量弹簧连接。最终，系泊缆就可以看作由相应质点和无质量弹簧组成的质量——弹簧系统。

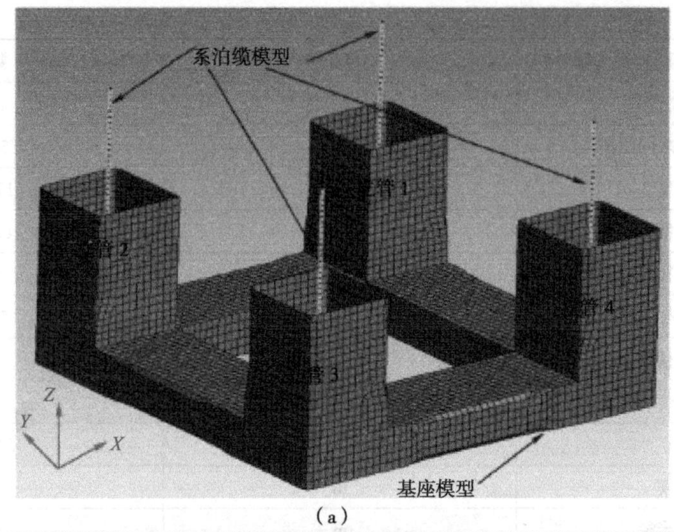

(a)

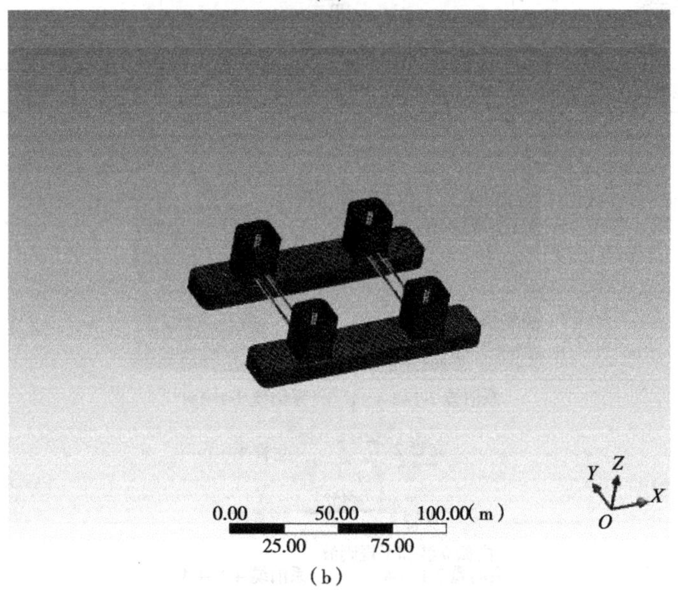

(b)

图 4-2 半潜式平台主体数值模型

(a)深海一号 (b)海洋石油 981

系泊缆单元受力如图 4-3 所示。

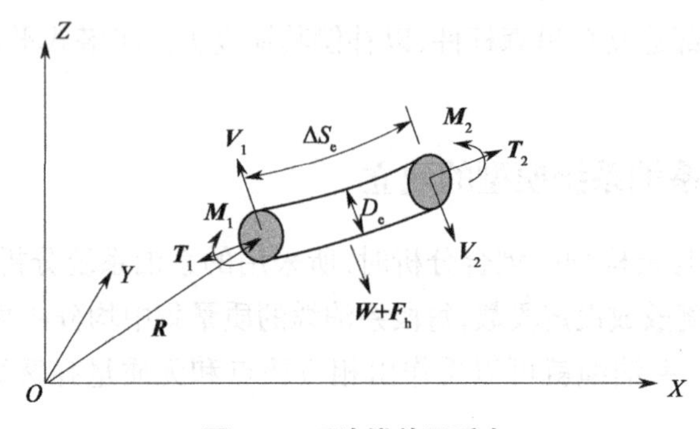

图 4-3 系泊缆单元受力

系泊缆运动方程可表示为

$$\frac{\partial \boldsymbol{T}}{\partial s_{\mathrm{e}}}+\frac{\partial \boldsymbol{V}}{\partial s_{\mathrm{e}}}+\boldsymbol{w}+\boldsymbol{F}_{\mathrm{h}}=m\frac{\partial^2 \boldsymbol{R}}{\partial t^2} \tag{4-1}$$

$$\frac{\partial \boldsymbol{M}}{\partial s_{\mathrm{e}}}+\frac{\partial \boldsymbol{R}}{\partial s_{\mathrm{e}}}\times \boldsymbol{V}=-\boldsymbol{q} \tag{4-2}$$

其中,m 为系泊缆单位长度质量;$\boldsymbol{q}$ 为单位长度分布力矩荷载;$\boldsymbol{R}$ 为单元第一个节点的位置矢量;s_{e} 为单元长度;$\boldsymbol{w}$ 为单元质量;$\boldsymbol{F}_{\mathrm{h}}$ 为单位长度外部水动力荷载;$\boldsymbol{T}$ 为单元第一个节点上的张力;$\boldsymbol{M}$ 为单元第一个节点上的弯矩;$\boldsymbol{V}$ 为单元第一个节点上的剪力。

“深海一号”系泊系统模型参数见表 4-3,数值模型如图 4-4 所示。

表 4-3　“深海一号”系泊系统模型参数

参数	甲板锚链(R4S)	复合缆(Polyester)	海底锚链(R4S)
直径(mm)	157	256	157
破断强度(kN)	23 559	21 437	23 559
轴向刚度 EA(kN)	1 960 000	171 496	1 960 000
湿重(kg/m)	428.6	11.3	428.6
长度(m)	259	1 950	131

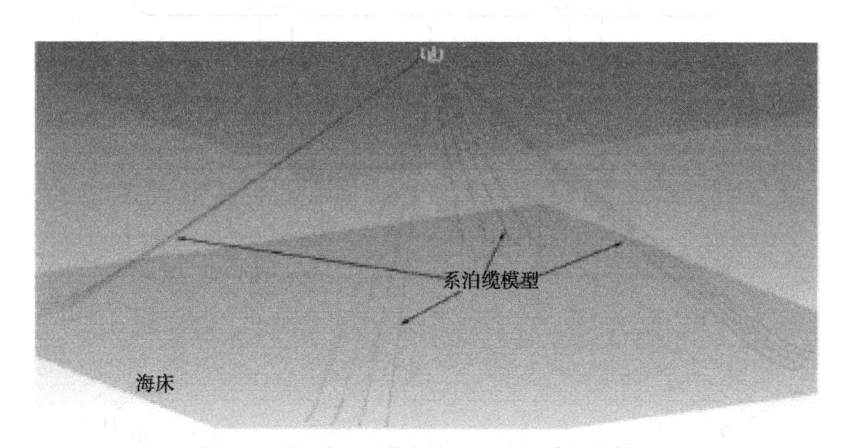

图 4-4　“深海一号”主体及系泊系统数值模型

“海洋石油 981”系泊系统总共有 12 根缆。每根缆总长 3 950 m,水平跨距 3 500 m,由甲板锚链、复合缆和海底锚链 3 个部分组成,各部分分别长 450 m、2 000 m 和 1 500 m。其材料属性见表 4-4。

表 4-4　“海洋石油 981”系泊系统模型参数

参数	甲板锚链	复合缆	海底锚链
材料	R4S	Polyester	K4
直径(m)	0.084	0.16	0.09

续表

参数	甲板锚链	复合缆	海底锚链
水中等效直径(m)	0.150 77	0.126 98	0.161 54
空气中单位质量(kg/m)	140.77	17.54	161.6
轴向刚度(MN)	620.97	239.99	712.21
破断强度(MN)	7.99	7.84	8.25

如图 4-5 所示,“海洋石油 981”12 根系泊缆被分为 4 组,对称分布在 4 根立柱外侧。导缆孔距基线高度为 18.49 m,每组中间那根系泊缆的导缆孔位于立柱中心线上,左右两根系泊缆的导缆孔在水平线上分别距其 3 m。每组的 3 根系泊缆与水平方向的夹角分别为 37°、40° 和 45°。

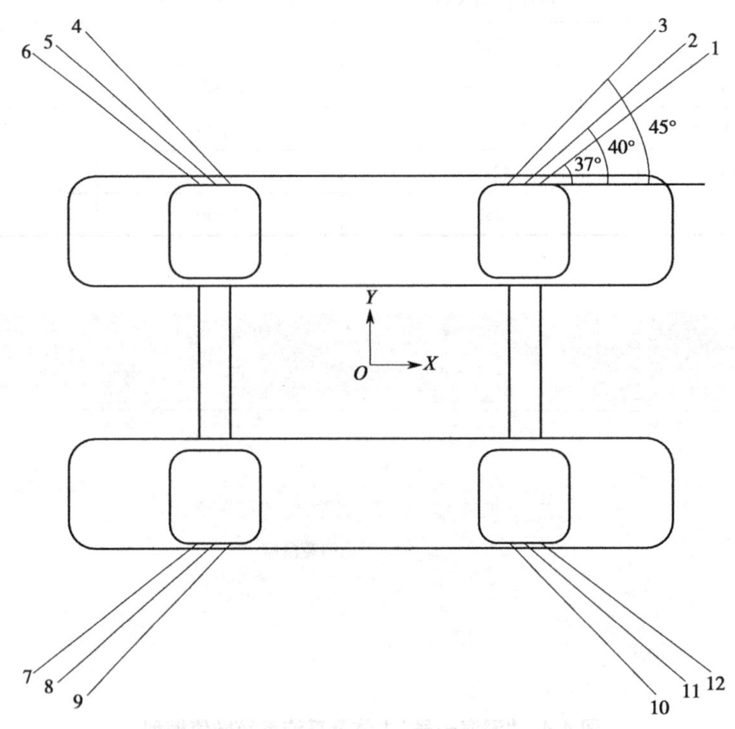

图 4-5 “海洋石油 981”系泊缆平面布置

4.1.3 半潜式平台模型验证

时域分析所需要的水动力系数和波浪力可以通过频域计算得到。为验证“深海一号”所建立模型的正确性,选取相关频域计算结果与已发表文献进行对比。垂荡 RAO 对比结果如图 4-6 所示。

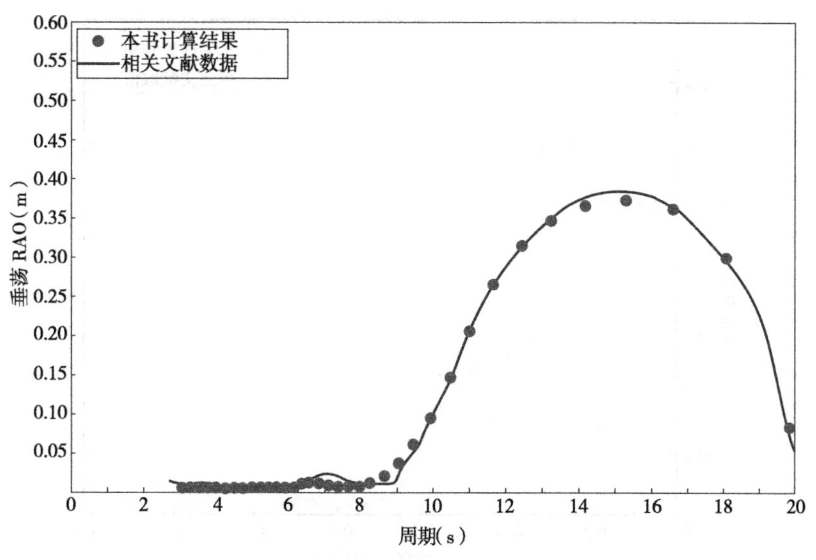

图4-6　“深海一号”垂荡RAO计算结果对比

“海洋石油981”模型与相关文献所研究的半潜式平台模型一致。为验证所建立模型的正确性,选取相关频域计算结果与已发表文献进行对比,结果如图4-7所示。

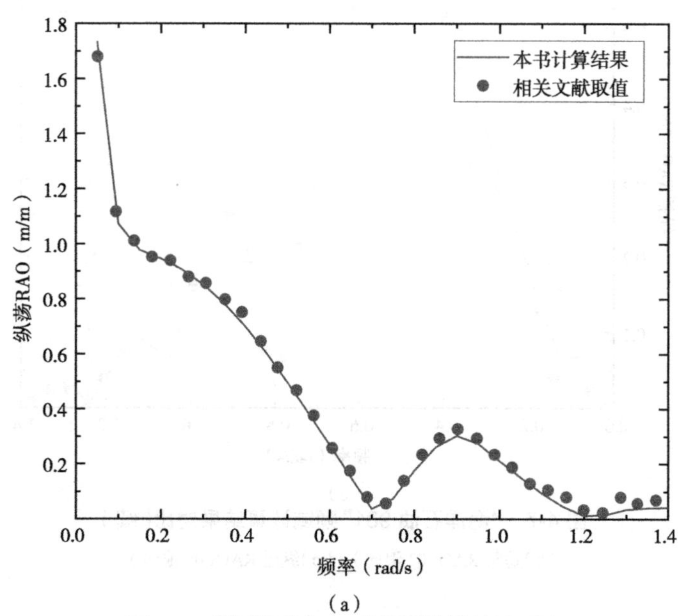

图4-7　“海洋石油981”频域计算结果对比

(a)纵荡RAO(0°浪向)

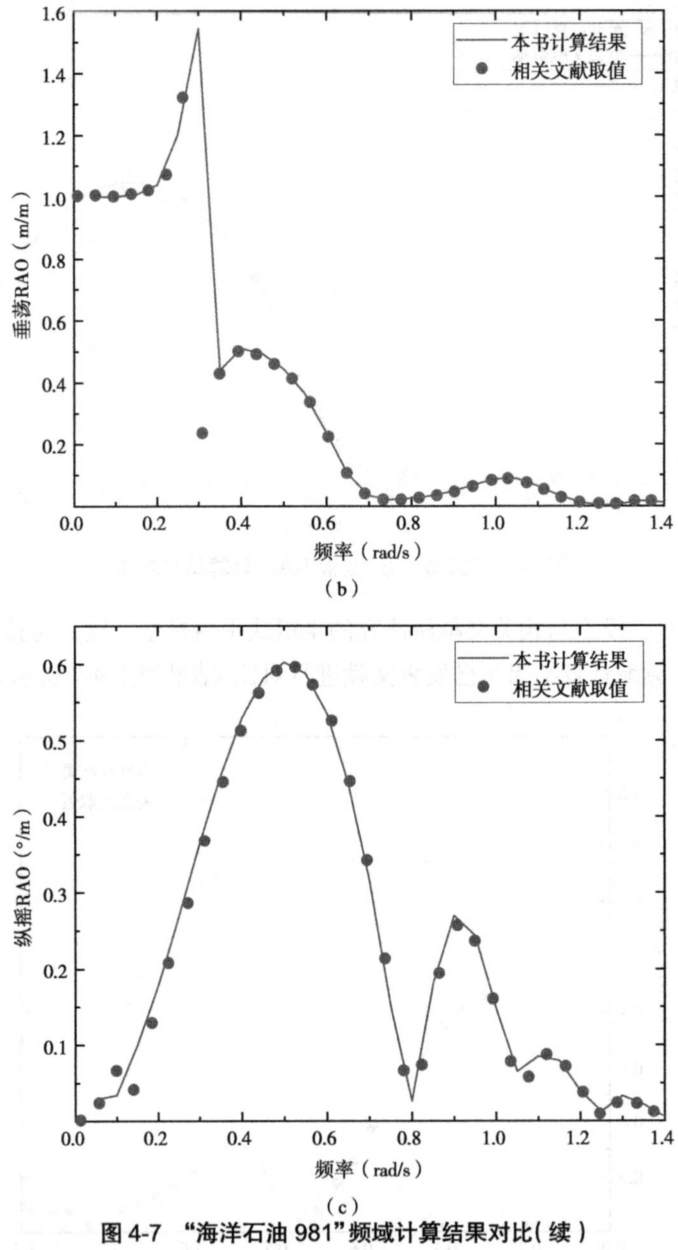

图 4-7 “海洋石油 981”频域计算结果对比(续)

(b)垂荡 RAO(0° 浪向) (c)纵摇 RAO(0° 浪向)

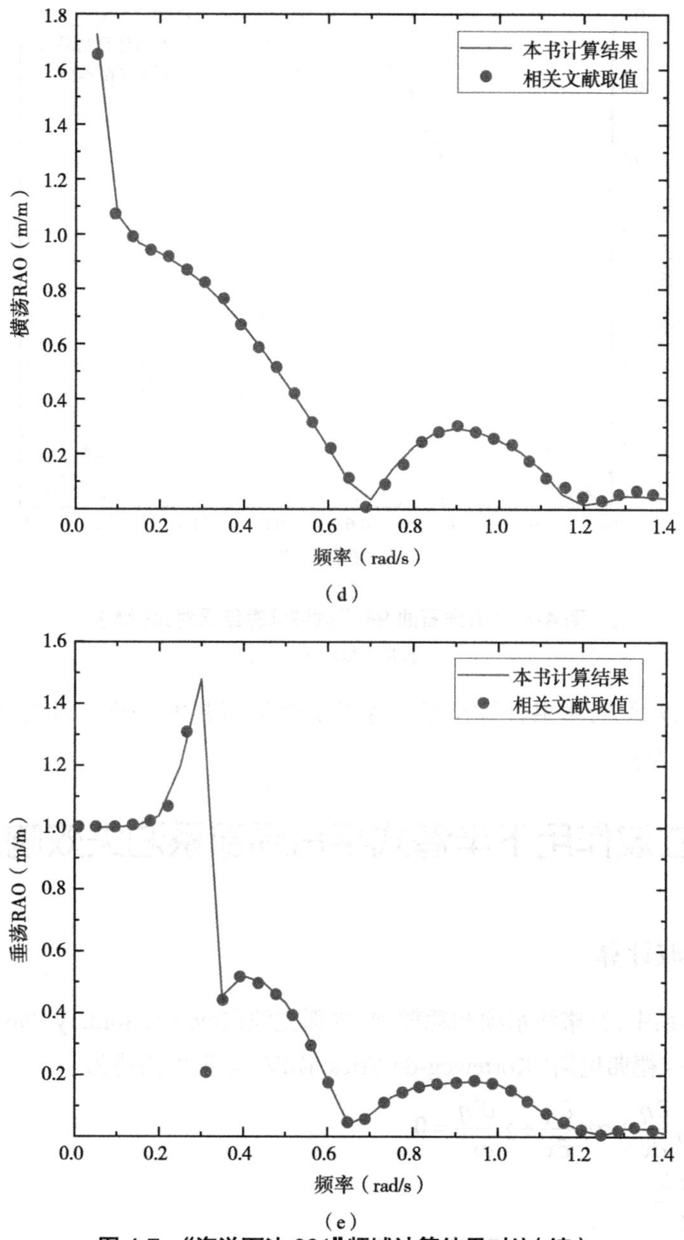

图 4-7　“海洋石油 981”频域计算结果对比（续）

（d）横荡 RAO（90° 浪向）（e）垂荡 RAO（90° 浪向）

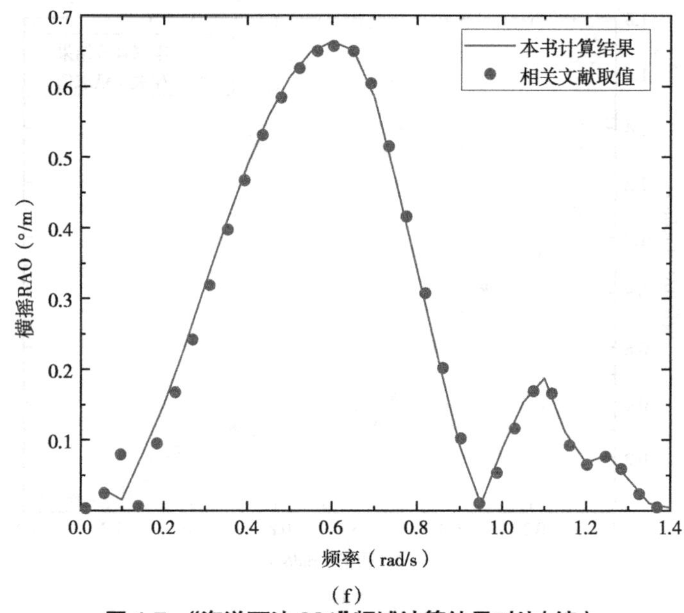

（f）

图 4-7 “海洋石油 981”频域计算结果对比（续）

（f）横摇 RAO（90° 浪向）

从图 4-7 可以看出，本书计算结果与相关文献取值基本一致。因此，所建模型准确无误，后续计算可以采用。

4.2 内孤立波作用下半潜式平台局部系泊失效响应研究

4.2.1 内孤立波计算

在双层流体系中，忽略浅水项和耗散项，内孤立波（Internal Solitary Wave，ISW）的控制方程即科特韦格 - 德弗里斯（Korteweg-de Vries，KdV）方程可描述为

$$\frac{\partial \eta}{\partial t}+c_0\frac{\partial \eta}{\partial x}+\alpha\eta\frac{\partial \eta}{\partial x}+\gamma\frac{\partial^3 \eta}{\partial x^3}=0 \tag{4-3}$$

$$\gamma=\frac{c_0 h_1 h_2}{6} \tag{4-4}$$

其中，η 为内孤立波界面位移；c_0 为线性波速，$c_0=\left[\frac{g(\rho_2-\rho_1)h_1 h_2}{0.5(\rho_1+\rho_2)(h_1+h_2)}\right]^{1/2}$；$\alpha$ 为非线性系数，$\alpha=\frac{3c_0(h_1-h_2)}{2h_1 h_2}$；$\rho_1$、$\rho_2$ 分别为上下层流体的密度；h_1、h_2 分别为上下层流体的厚度；γ 为频散系数。

内孤立波上下两层水平流速

$$\begin{cases} u_1(x,t)=\dfrac{c_0\eta_0}{h_1}\operatorname{sech}^2\dfrac{x-ct}{L} \\ u_2(x,t)=-\dfrac{c_0\eta_0}{h_2}\operatorname{sech}^2\dfrac{x-ct}{L} \end{cases} \tag{4-5}$$

内孤立波上下两层垂直流速

$$\begin{cases} v_1(x,t)=\dfrac{2c_0\eta_0(h_1-z)}{h_1L}\operatorname{sech}^2\dfrac{x-ct}{L}\tanh\dfrac{x-ct}{L} \\ v_2(x,t)=-\dfrac{2c_0\eta_0(h_2-z)}{h_2L}\operatorname{sech}^2\dfrac{x-ct}{L}\tanh\dfrac{x-ct}{L} \end{cases} \tag{4-6}$$

其中，η_0 为内孤立波界面位移；c 为内孤立波的相速度，$c=c_0\left[1-\dfrac{\eta_0(h_1-h_2)}{2h_1h_2}\right]$；$L$ 为内孤立波的半波宽度，$L=(2h_1h_2)/\sqrt{3\eta_0(h_2-h_1)}$。

4.2.2　系泊系统内孤立波作用力计算

在计算系泊系统受内孤立波作用力前，需要知道系泊线的线型。悬链线方程可用来计算锚链力与位移之间的关系，具体悬链线方程为

$$\begin{cases} V=Sw+V_0 \\ X=\dfrac{H}{w}\left[\operatorname{arsinh}\dfrac{V}{H}-\operatorname{arsinh}\dfrac{V_0}{H}\right]+\dfrac{H(V-V_0)}{wEA}+S_{\mathrm{T}}-S \\ Z=\dfrac{H}{w}\left[\sqrt{1+\left(\dfrac{V}{H}\right)^2}-\sqrt{1+\left(\dfrac{V_0}{H}\right)^2}\right]+\dfrac{V^2-V_0^2}{2wEA} \\ L=\dfrac{V-V_0}{w}+\dfrac{H^2}{2wEA}\left[\dfrac{V}{H}\sqrt{1+\left(\dfrac{V}{H}\right)^2}+\operatorname{arsinh}\dfrac{V}{H}-\dfrac{V_0}{H}\sqrt{1+\left(\dfrac{V_0}{H}\right)^2}-\operatorname{arsinh}\dfrac{V_0}{H}\right] \end{cases} \tag{4-7}$$

其中，V、H 为轴向张力的垂直和水平分量；S 为缆绳悬垂部分未拉伸长度；V_0 为 V 在触地点；w 为系泊线的湿重；X 为底部锚点至上部悬柱点的距离在海床上的投影长度；Z 为底部锚点至上部悬柱点的距离竖直方向上的投影长度；E 为弹性模量；A 为缆线的截面积；L 为缆线悬垂部分拉伸后的长度；S_T 为未拉伸缆线的总长度。

触地点在缆线内，所以 $V_0=0$，给定导缆孔处的 X、Z 可以迭代求解出 H，轴向张力水平分量是不随水深变化的。

求解导缆孔在悬链线中的坐标需要建立坐标系统（图 4-8）：①大地坐标系（坐标原点位于水线面上）；②平台局部坐标系（坐标原点位于平台重心位置）用来描述平台 6 自由度运动；③悬链线局部坐标系（坐标原点位于锚点），用来求解悬链线方程和微段划分。

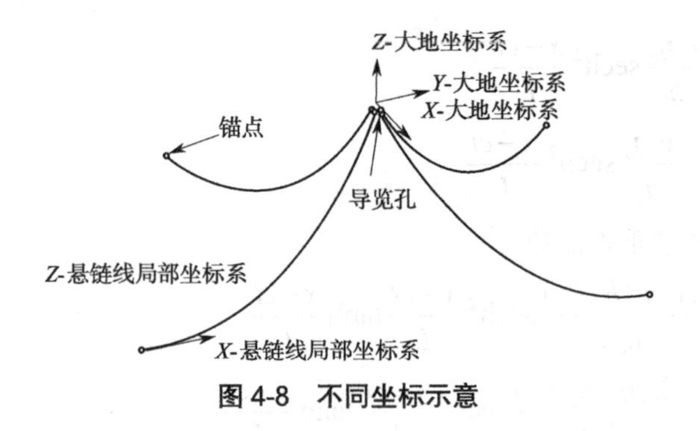

图 4-8 不同坐标示意

3 个坐标系需要实时转变,推导公式为

$$\begin{pmatrix} X_i \\ Y_i \\ Z_i \end{pmatrix} = \begin{pmatrix} X_g \\ Y_g \\ Z_g \end{pmatrix} + \boldsymbol{E} \begin{pmatrix} x_i \\ y_i \\ z_i \end{pmatrix} \quad i = 1, 2, \cdots, 16 \tag{4-8}$$

其中,$(X_g \quad Y_g \quad Z_g)^{\mathrm{T}}$ 为平台重心在大地坐标系中的坐标;$(x_i \quad y_i \quad z_i)^{\mathrm{T}}$ 为平台 12 个导缆孔在平台局部坐标系中的坐标;$(X_i \quad Y_i \quad Z_i)^{\mathrm{T}}$ 为平台 12 个导缆孔在大地坐标系中的坐标。欧拉旋转矩阵 $\boldsymbol{E}$ 定义为三次旋转的序列,旋转的顺序是首先绕 X 轴旋转 E_x,然后绕 Y 轴旋转 E_y,最后绕 Z 轴旋转 E_z。$\boldsymbol{E}$ 可以表示为

$$\boldsymbol{E} = \begin{pmatrix} \cos\theta_2\cos\theta_3 & \sin\theta_1\sin\theta_2\cos\theta_3 - \cos\theta_1\sin\theta_3 & \cos\theta_1\sin\theta_2\cos\theta_3 + \sin\theta_1\sin\theta_3 \\ \cos\theta_2\sin\theta_3 & \sin\theta_1\sin\theta_2\sin\theta_3 + \cos\theta_1\cos\theta_3 & \cos\theta_1\sin\theta_2\sin\theta_3 - \sin\theta_1\cos\theta_3 \\ -\sin\theta_2 & \sin\theta_1\cos\theta_2 & \cos\theta_1\cos\theta_2 \end{pmatrix} \tag{4-9}$$

其中,θ_1、θ_2、θ_3 为平台横摇角、纵摇角、艏摇角。通过式(4-8)和式(4-9)计算出 16 根系泊线导缆孔在大地坐标系中的坐标。然后以系泊线锚点为系泊线原点,通过下式求解出导缆孔在悬链线局部坐标系中的坐标:

$$\begin{cases} X_{\mathrm{FL\_AC}}^i = \sqrt{(X_{\mathrm{FL}}^i - X_{\mathrm{AC}}^i)^2 + (Y_{\mathrm{FL}}^i - Y_{\mathrm{AC}}^i)^2} \\ Z_{\mathrm{FL\_AC}}^i = Z_{\mathrm{FL}}^i - Z_{\mathrm{AC}}^i \end{cases} \quad i = 1, 2, \cdots, 16 \tag{4-10}$$

其中,X_{FL}^i、Y_{FL}^i、Z_{FL}^i 分别为 16 个导缆孔在大地坐标系中的坐标;X_{AC}^i、Y_{AC}^i、Z_{AC}^i 分别为 16 个锚点在大地坐标系中的坐标;$X_{\mathrm{FL\_AC}}^i$、$Z_{\mathrm{FL\_AC}}^i$ 分别为 16 个导缆孔在悬链线局部坐标系中的坐标。通过锚点和导缆孔的坐标确定 16 个悬链线局部坐标系相对于大地坐标系的转角。

已知悬链线导缆孔和锚点的垂直距离,沿高度方向将悬链线划分成 n 个微段,通过式(4-7)求出每段在悬链线局部坐标系中的矢量坐标,进而通过式(4-8)和式(4-9)求出每段在大地坐标系中的矢量坐标。然后通过微段矢量和内孤立波流速矢量求出微段的内孤立波作用力;考虑到内孤立波的波长一般长达几百米甚至上千米,半潜式平台的立柱、浮箱及其系泊系统在内孤立波作用下均可看作小尺度构件,因此,可使用莫里森方程对半潜式平台的立柱、浮箱及其系泊系统进行计算:

$$F = \frac{1}{2}\rho D C_{\mathrm{d}} |u_{\mathrm{f}} - u_{\mathrm{s}}| (u_{\mathrm{f}} - u_{\mathrm{s}}) + \rho A C_{\mathrm{m}} \dot{u}_{\mathrm{f}} - \rho A (C_{\mathrm{m}} - 1) \dot{u}_{\mathrm{s}}$$

$$= \frac{1}{2} \rho D C_d |u_f - u_s| (u_f - u_s) + \rho A (1 + C_a) \dot{u}_f - \rho A C_a \dot{u}_s \tag{4-11}$$

其中,D 为水动力直径;A 为截面面积;C_d 为拖曳力系数,取 1.1;C_m 为惯性力系数,取 2.0;u_f 为内孤立波的流速(对于平台的立柱和浮箱,为流体质点速度);u_s 为结构的水平速度;$\dot{u}_f$ 为流体质点加速度;$\dot{u}_s$ 为结构加速度。

使用 Python 语言将内孤立波作用力编写成外部程序,具体计算流程(图 4-9)如下。

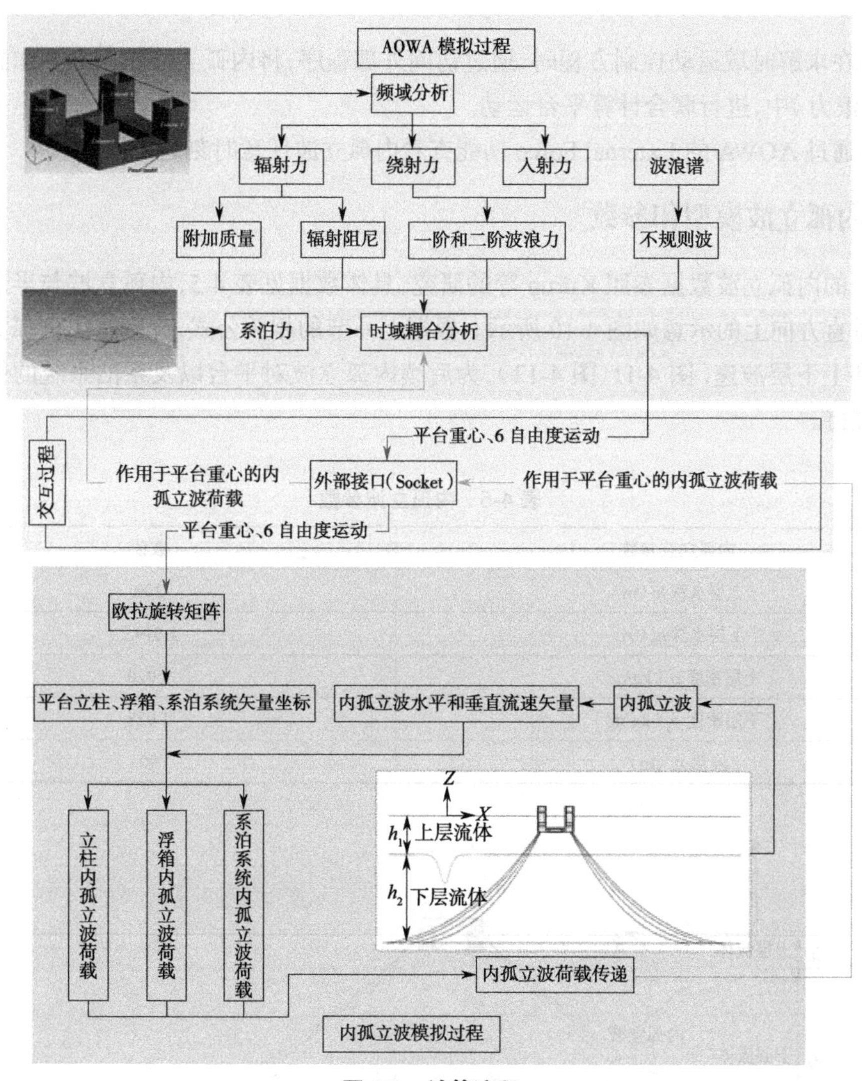

图 4-9　计算流程

(1)根据软件输出的平台重心 6 自由度运动以及导缆孔在平台上的位置,通过坐标系转换求出导缆孔在大地坐标系中的坐标。

(2)将悬链线的局部坐标系原点放在锚点处,求出导缆孔在悬链线局部坐标系中的坐标,根据悬链线的湿重以及刚度,建立悬链线方程。

(3)赋予悬链线方程初值,通过牛顿迭代求解悬链线方程,求出缆线悬垂部分的长度以及张力的水平分量。

（4）将悬链线沿线长进行等长划分，求出微段端部的张力垂直分量，将垂直分量和水平分量代入悬链线方程，求出微段在悬链线局部坐标系中的坐标。

（5）通过坐标系转化求出微段在大地坐标中的矢量坐标，并通过内孤立波的流速和流加速度算出微段的内孤立波作用力。

（6）将每段的内孤立波作用力叠加，并通过移轴定理将合力和合力矩转移到平台重心位置。

（7）在求解时域运动控制方程时，通过访问外部程序，将内孤立波作用力叠加到外力项（表面波浪力）中，进行联合计算平台运动。

（8）通过 AQWA 的 External Force 功能查看内孤立波任意时刻的作用力。

4.2.3 内孤立波模型和参数

书中的内孤立波数据参照 Kurup 等的研究，具体数据见表 4-5，内孤立波与半潜式平台系统在垂直方向上的示意如图 4-10 所示。根据上一节的相关公式，分别求出内孤立波的波面历程和上下层波速（图 4-11、图 4-12），为后续内孤立波对平台以及系泊系统的作用力提供数据支持。

表 4-5 内孤立波参数

内孤立波参数	数值
上层水深 h_1（m）	200
下层水深 h_2（m）	1 019.2
上层密度 ρ_1（kg/m³）	1 020
下层密度 ρ_2（kg/m³）	1 028
波幅 η_0（m）	90

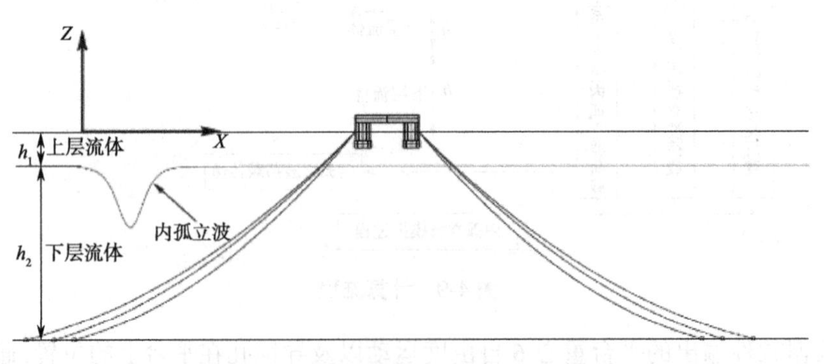

图 4-10 内孤立波与半潜式平台系统示意

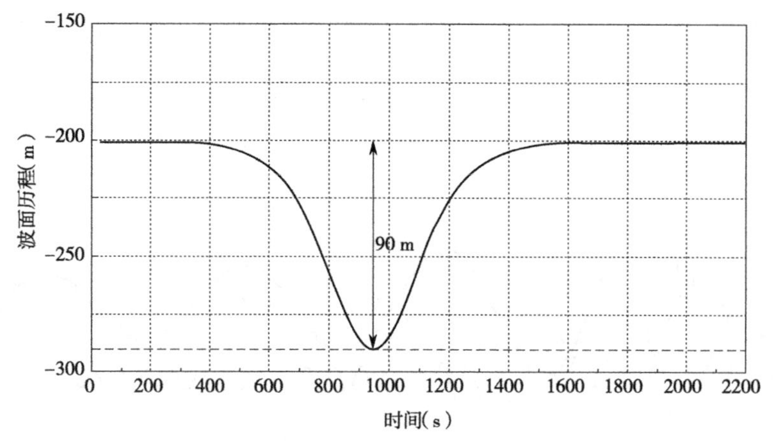

图 4-11　内孤立波波形

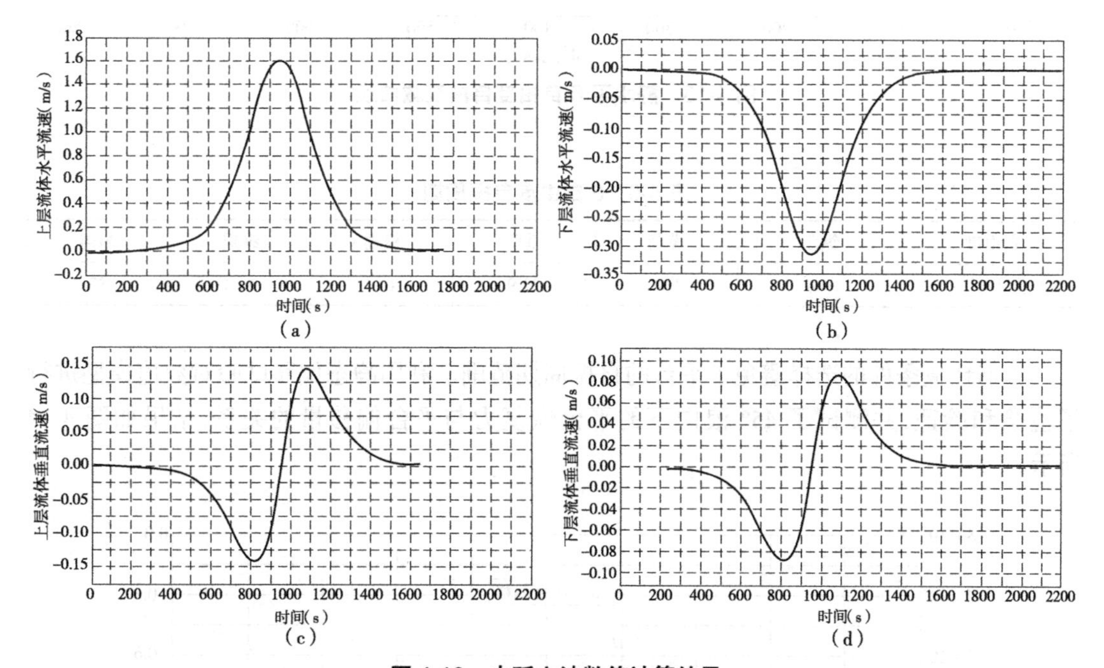

图 4-12　内孤立波数值计算结果

(a)上层流体水平流速　(b)下层流体水平流速　(c)上层流体垂直流速　(d)下层流体垂直流速

从内孤立波的计算结果可以看出,内孤立波为下凹形,随着内孤立波向 X 轴正向传播,内孤立波水平和垂直的流速先增大后减小,当波峰到达平台中轴线位置时,水平速度达到最大,垂直速度的方向开始改变。

4.2.4　静态模型试验

对"深海一号"半潜式平台模型在复杂海洋环境条件下进行仿真模拟之前,需要在静水条件下进行自由衰减试验,以获得平台在 6 个自由度的自振周期。半潜式平台 6 自由度衰减曲线如图 4-13 所示,自振周期见表 4-6。

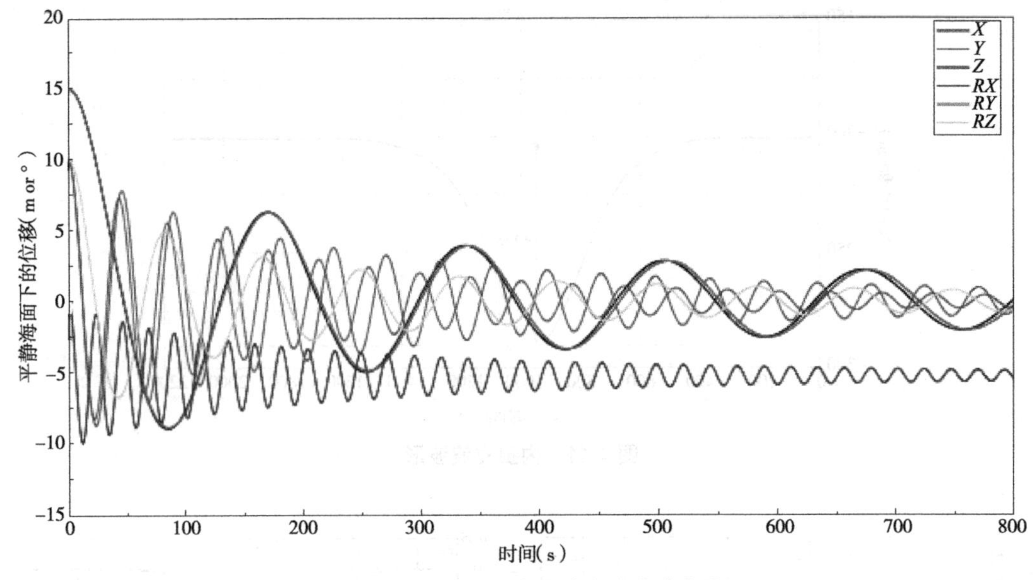

图 4-13　静水下 6 自由度自由衰减曲线

表 4-6　6 自由度自振周期

自由度	纵荡	横荡	垂荡	横摇	纵摇	艏摇
自振周期(s)	160	160	22.9	42.1	44.4	80

本书环境条件的选择避免了平台的自振周期范围。利用静态偏移试验对数值模型进行了检验和验证,并测试了 45° 浪向下的平台恢复力与平台偏移量的关系,结果如图 4-14 所示。

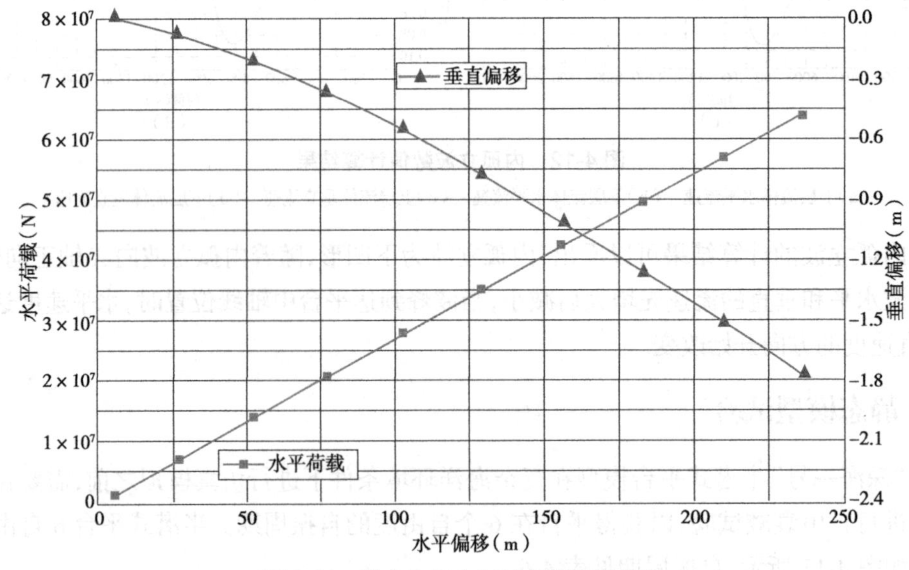

图 4-14　平台恢复力与平台偏移量关系

从图 4-14 可以看出,当水平偏移量显著增大时,垂向下降量变化缓慢,表明平台纵荡和横摇对垂荡的影响不大。因此,耦合效果弱。

4.2.5　仅内孤立波的影响

Wang 等的实验和数值模拟结果表明,内孤立波对半潜式平台的垂向力可分为 3 个分量,即压差力、黏性力和摩擦力,这些分量可以忽略不计。此外,黏性力的贡献并不重要。因此,本书主要考虑了垂直压差力对平台的影响,并简单比较了黏性力的影响,结果如图 4-15 和图 4-16 所示。

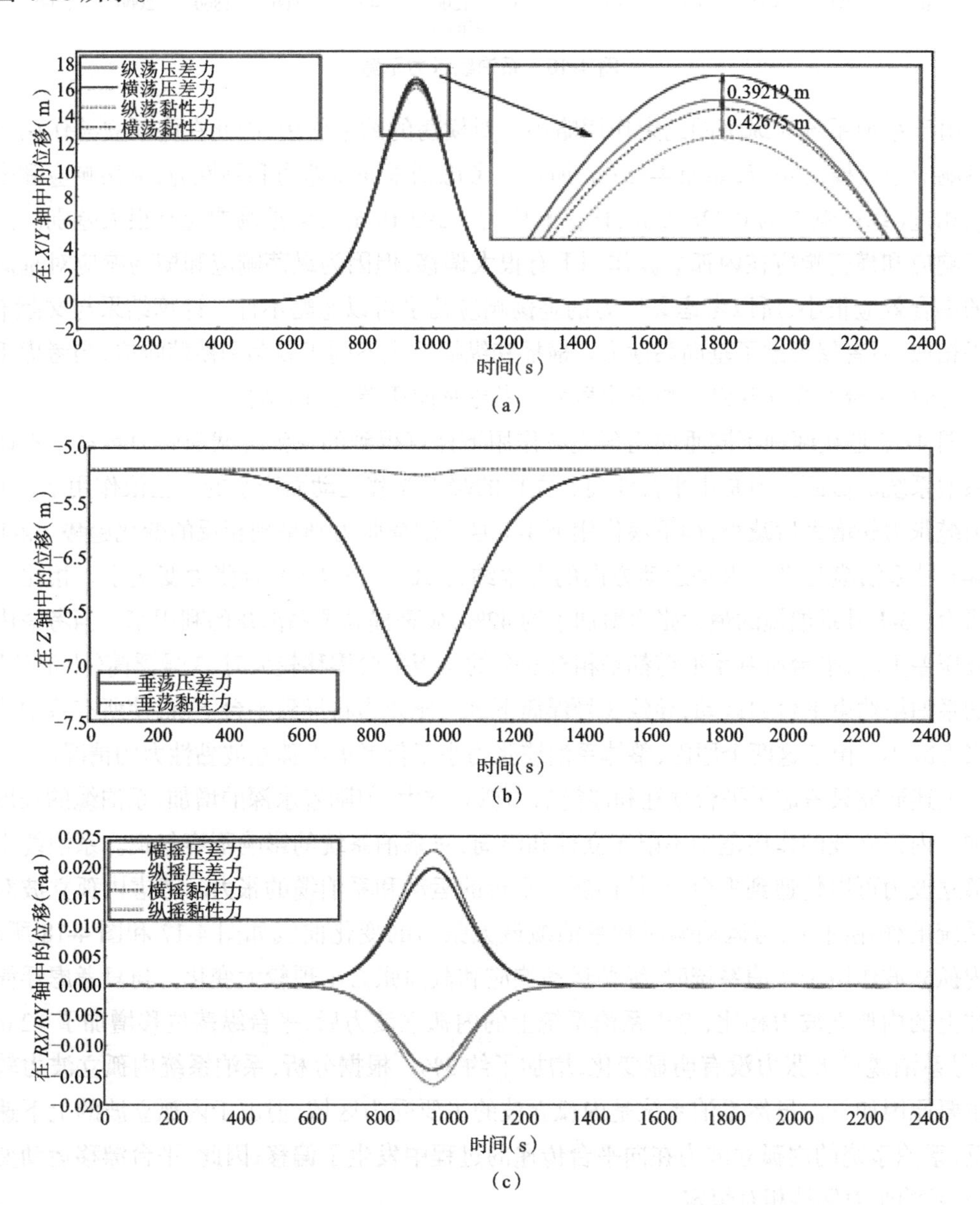

图 4-15　仅内孤立波下半潜式平台运动响应

(a)纵荡响应与横荡响应　(b)垂荡响应　(c)横摇响应和纵摇响应

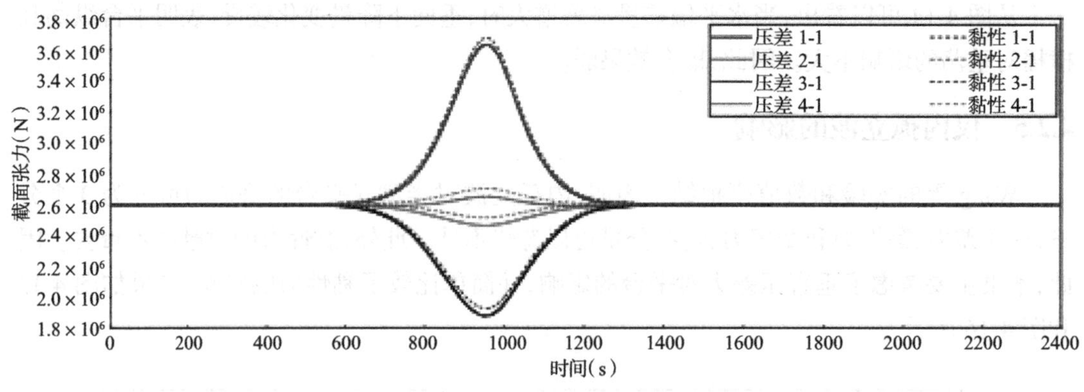

图 4-16　系泊线张力示意

由于系泊系统对纵荡的约束作用略小于对横荡的约束作用,因此在内孤立波作用下的纵荡响应小于横荡响应,如图 4-15(a)所示。考虑到垂向压差力和黏性力,纵荡响应和横荡响应相近(纵荡响应为 0.426 75 m,横荡响应为 0.392 19 m),但垂荡响应有很大差别。虽然纵荡响应和横荡响应在内孤立波作用下有很大偏移,但因为纵荡响应和横荡响应对垂荡响应的耦合效应很小,所以考虑黏性力的垂荡响应几乎可以忽略不计。计算结果与文献 [33] 结果相似,后者仅考虑了垂向黏性力。横摇和纵摇响应不同于纵荡和横荡响应,当考虑垂向黏性力时,平台的横摇和纵摇响应明显大于考虑垂向压差力时的响应。

图 4-16 是在两种不同垂向内孤立波作用下计算得到的系泊缆截面张力示意。本研究中系泊系统的截面张力是由平台浮筒和立柱的缓慢漂移运动而产生的。上浪作用下 3-1 号系泊缆张力先增大后减小,而下浪作用下 1-1 号系泊缆张力则呈现相反的变化趋势。2-1 号和 4-1 号系泊缆与平台水平运动方向的夹角约为 90°(图 4-1),且张力变化小。相比于静水张力,3-1 号系泊缆的最大张力增加了约 42%,显著提高了系泊缆的利用率。当考虑内孤立波压差力时,平台所有系泊缆都是相对安全的。当平台漂移较大时,3 号浮筒(上浪位置)上的系泊缆约束平台的运动,导致 3 号浮筒下沉。压差力将导致平台下沉,使所有系泊缆上的张力减小。由于这两个原因,整体系泊缆张力小于仅考虑内孤立波黏性力的情况。

上述研究只考虑了平台立柱和浮筒的内孤立波力,但随着水深的增加,系泊缆的长度也增加。内孤立波的作用范围不限于立柱和浮筒,对系泊系统的影响不容忽视。系泊缆上的内孤立波力可以传递到平台上,从而影响平台的运动和系泊缆的张力。考虑内孤立波对系泊系统的作用时,纵荡运动响应和系泊缆最大张力的变化曲线如图 4-17 和图 4-18 所示。当内孤立波作用于系泊系统时,纵荡运动响应和截面张力出现较大变化。与只考虑浮筒和立柱上的内孤立波力相比,考虑系泊系统上的内孤立波力后,平台纵荡位移增加了 12.6%,3-1 号系泊缆最大张力没有明显变化,增加了约 3%。根据分析,系泊系统内孤立波力较弱的主要原因如下。虽然系泊系统是内孤立波的主要受力区域,但由于内孤立波的上下速度相反,系泊系统的内孤立波力在向平台传递的过程中发生了偏移;因此,平台漂移运动变化很小,系泊张力保持相对恒定。

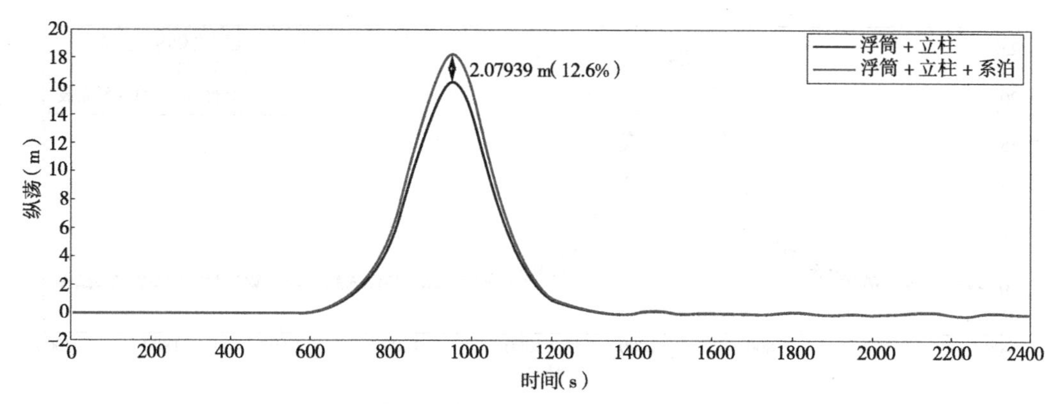

图 4-17　内孤立波对系泊系统作用下纵荡运动响应

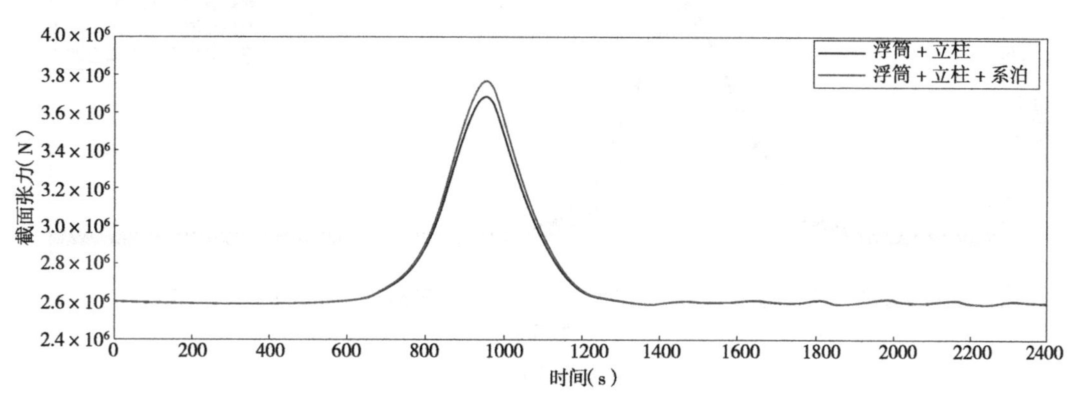

图 4-18　内孤立波对系泊系统作用下截面张力

4.2.6　内孤立波和规则波联合作用

上一节研究了只有内孤立波作用于平台系统的情况。本节在前一节的基础上分析了规则波作用下平台的水动力响应。规则波参数取自南海陵水海域，振幅为 3.15 m，周期为 12.1 s，浪向与内孤立波均为 45°。具体计算结果如图 4-19 和图 4-20 所示。

图 4-19 中的蓝线是内孤立波单独作用下平台的运动响应，红线是规则波和内孤立波联合作用下产生的运动响应的低频分量。红线和蓝线的走势相同。因此，在规则波和内孤立波联合作用下的运动只是在内孤立波作用于平台的基础上叠加规则波的运动。以纵荡为例，图 4-20 为纵荡的相位图。根据相位图，上述规律可描述如下：规则波的纵荡相图为极限环，两者共同作用下的纵荡相图为平面内的极限环滑移运动，极限环的大小与规则波单独作用平台时的横荡极限环相同。

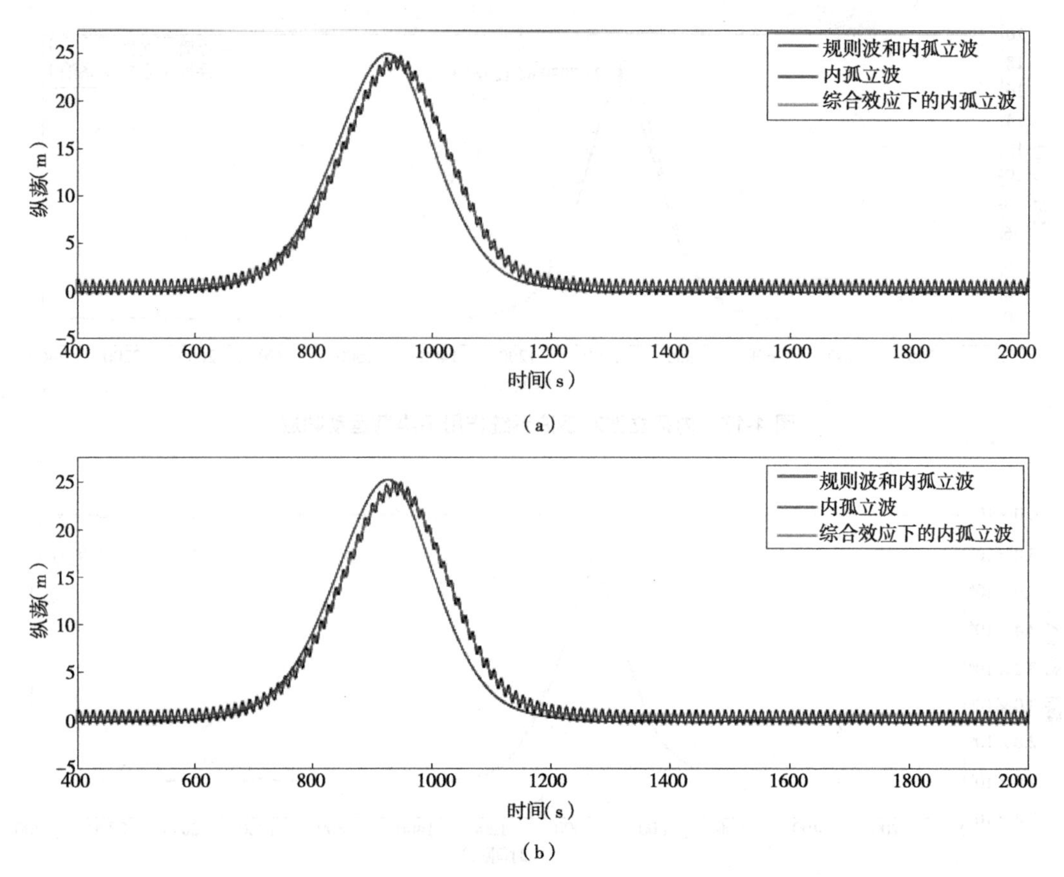

图 4-19　规则波和内孤立波联合作用下平台运动响应

(a)纵荡　(b)横荡

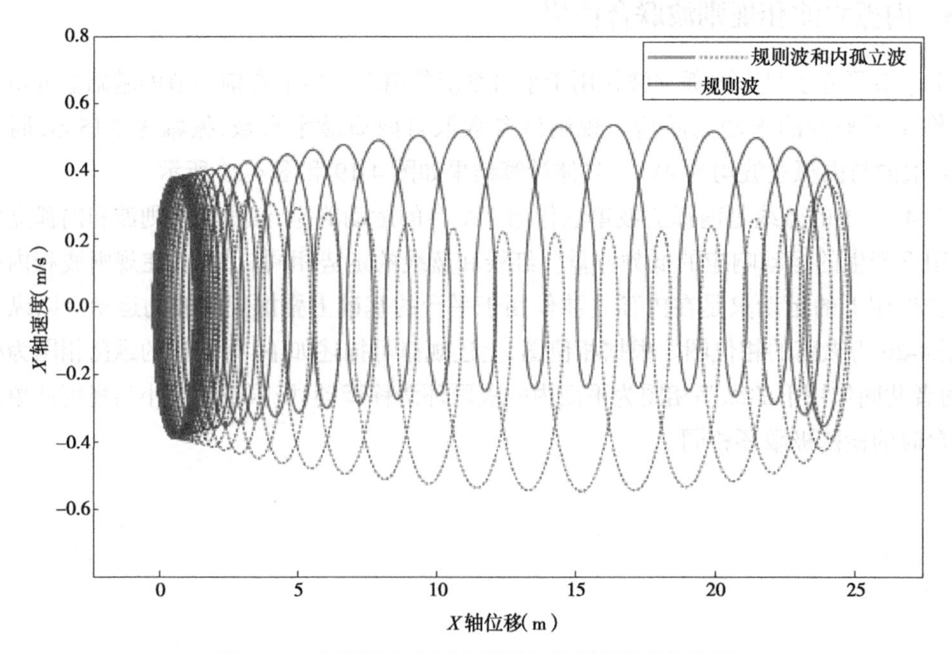

图 4-20　规则波和内孤立波联合作用下横荡相位图

蓝线和红线之间的唯一区别是振幅;蓝线的振幅明显高于红线的振幅。针对这一现象,进行了如下分析。这种现象的发生是因为在求解运动方程时,流体动力学参数(附加质量和辐射阻尼)不同。当内孤立波单独作用于平台时,会引起平台的低频漂移运动,且漂移频率附加质量和辐射阻尼不变。当内孤立波和规则波共同作用于平台时,平台表现出低频漂移运动和波频运动。方程中的附加质量和辐射阻尼随运动频率而变化。图 4-21 显示了对应于规则波周期(12.1 s)的辐射阻尼,其比低频时的辐射阻尼大得多。因此,蓝线的振幅比红线的振幅大。

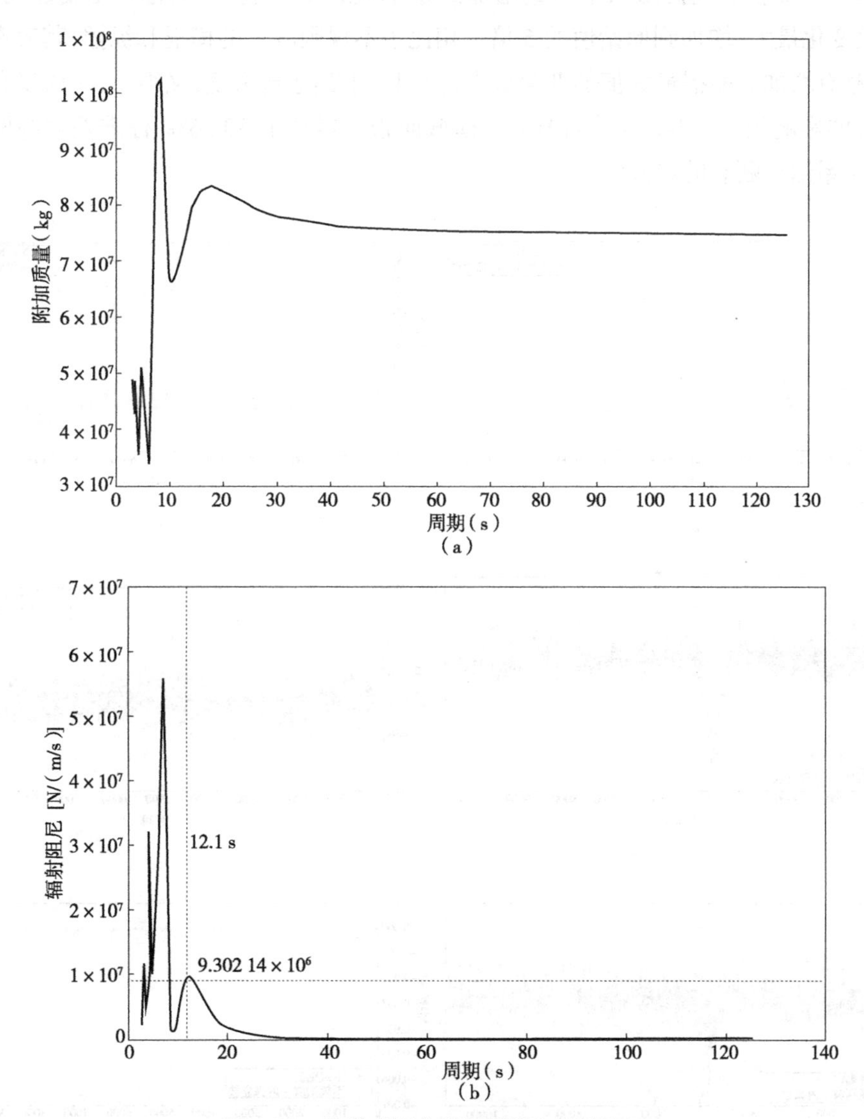

图 4-21　半潜式平台附加质量和辐射阻尼

(a)附加质量　(b)辐射阻尼

4.2.7　内孤立波和不规则波联合作用

本节选取中国海域一年一遇海况进行分析。不规则波参数如下：有效波高 H_s 为 6 m，谱峰周期 T_p 为 11.2 s，波向与内孤立波一致。不规则波作用时间为 10 800 s，具体计算结果如图 4-22 和表 4-7 所示。与规则波相似，当内孤立波作用于平台时，平台 6 个自由度运动响应将产生剧烈波动，特别是纵荡、横荡、垂荡和艏摇运动。从表 4-7 可以看出，当内孤立波和不规则波同时作用在平台上时，纵荡和横荡位移最大值增加到 3 倍，平均值增加约 20%，标准差增加到 2 倍。垂荡最大下降量增加到原始值的 2.7 倍。与其他自由度运动不同，垂荡平均值变化最大，增加到原始值的 5 倍。相比于不规则波下的横摇和纵摇，其表现出很小的变化，略有增加。艏摇最大值的变化最大，但相比于其他自由度，又很小，大约仅有 0.35°，其对平台的影响很小。3-1 号系泊缆最大横截面张力增加了 30.56%，标准差大约增加了一倍，加剧了系泊线断裂的风险。

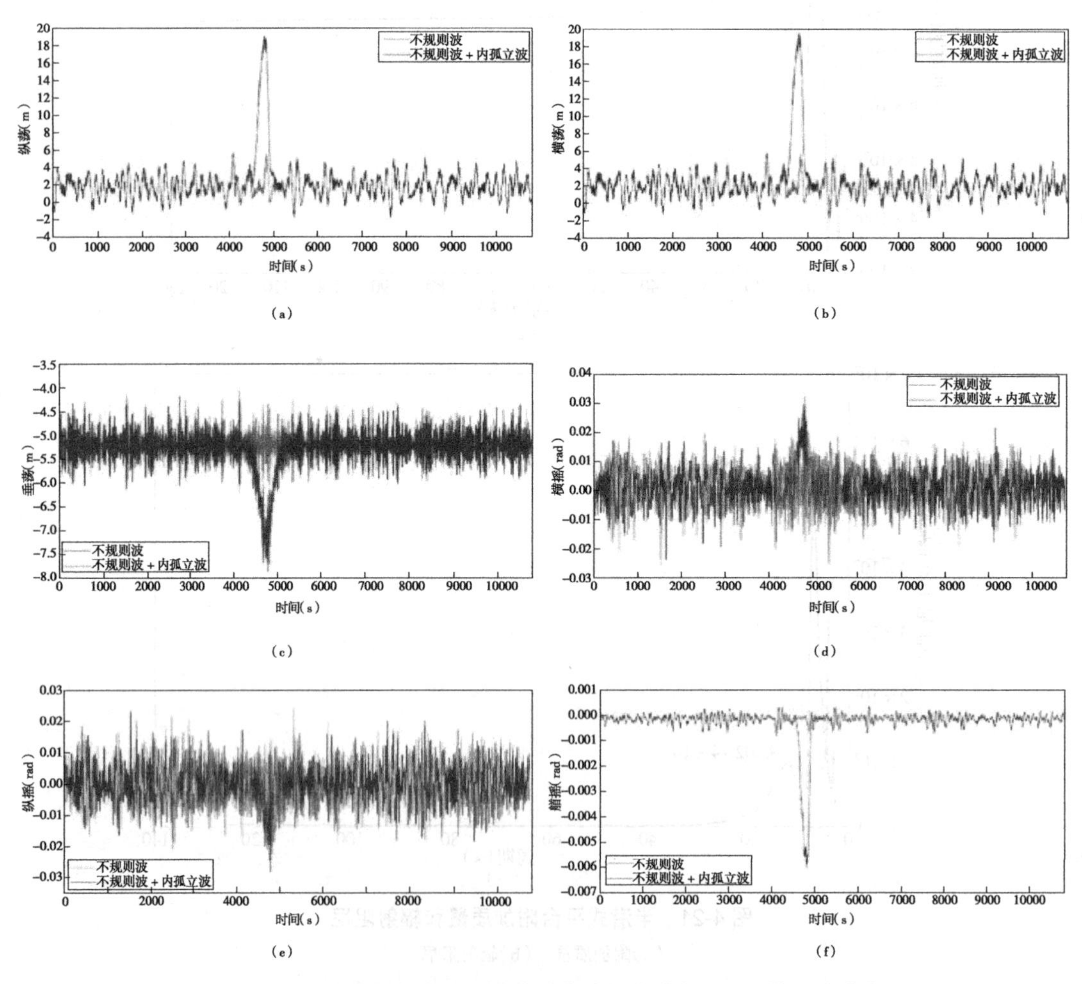

图 4-22　半潜式平台在不规则波和内孤立波联合作用下的运动响应

(a)纵荡　(b)横荡　(c)垂荡　(d)横摇　(e)纵摇　(f)艏摇

表 4-7　6 自由度运动数值统计

状况	不规则波			不规则波 + 内孤立波		
	绝对值最大值	平均偏移量	标准差	绝对值最大值	平均偏移量	标准差
纵荡(m)	5.719 89	1.902 5	1.172 71	19.153 74	2.289 98	2.408 13
横荡(m)	5.740 19	1.919 96	1.170 58	19.390 46	2.313 63	2.438 24
垂荡(m)	0.967 07	0.010 9	0.281 81	2.648 86	0.059 34	0.407 14
横摇(rad)	0.025 62	$6.343\ 23 \times 10^{-4}$	0.005 92	0.032 28	0.001 11	0.006 42
纵摇(rad)	0.023 84	$2.965\ 1 \times 10^{-4}$	0.005 99	0.028 19	$-6.121\ 8 \times 10^{-5}$	0.006 31
艏摇(rad)	0.000 77	$-9.226\ 1 \times 10^{-5}$	$1.598\ 11 \times 10^{-4}$	0.006 06	$-1.981\ 34 \times 10^{-4}$	$6.814\ 91 \times 10^{-4}$
张力(3-1)	$2.938\ 91 \times 10^{-6}$	$2.705\ 13 \times 10^{-6}$	68 212.003	$3.836\ 91 \times 10^{-6}$	$2.728\ 27 \times 10^{-6}$	149 011.669

4.2.8　内孤立波作用下半潜式平台局部系泊失效

之前章节表明，当内孤立波作用于平台时，系泊线张力显著增加，从而导致系泊索断裂，影响平台生存状态。本节以内孤立波作用下的系泊缆断裂为研究对象，分析其对平台系统的影响，如图 4-23 所示，断裂时间是系泊缆 3-1 张力在内孤立波作用下达到最大值的时刻。如图 4-23(a)所示，当系泊缆 3-1 失效时，平台产生基于内孤立波最大运动响应的更大波动。当内孤立波远离平台时，平台纵荡和横荡响应迅速减小，然后衰减到具有小波动的稳定状态。数值结果表明，系泊缆 3-1 失效后，平台的最大纵荡和横荡偏移量分别比内孤立波的最大纵荡和横荡偏移量增加了 46% 和 61%。在内孤立波远离平台后，平台的最终稳定位置与完整系泊缆状态相比分别偏离 5.5~6.7 m。根据平台的偏离位置，系泊系统对平台纵荡运动的约束作用大于横荡运动。图 4-23(b)显示，系泊缆 3-1 的故障对平台的垂荡运动影响很小。整体垂荡运动趋势与系泊系统完好时相同。垂荡响应随固有频率的波动衰减到稳定状态，最终静水平衡位置比系泊缆失效前高 0.125 m。

系泊缆 3-1 断裂后，横摇、纵摇规律与横摇、纵荡规律不同，角偏移量没有增加，瞬态响应变化剧烈。由于内孤立波首先通过 3 号立柱，因此产生了压力差，导致平台的 3 号立柱向下移动；因此，对横摇运动产生了正面影响，对纵摇运动产生了负面影响。当系泊缆 3-1 断裂时，3 号立柱上的约束力被释放，导致其向上移动并减少横摇和纵摇运动。图 4-23(c)显示，在系泊缆 3-1 失效的瞬间，平台的横摇和纵摇响应首先迅速减小到最小响应，然后波动增加到其最大值。系泊缆 3-1 失效后，平台的最大纵摇响应与失效前相同，最大横摇响应比失效前增加了 18%。由于系泊缆 3-1 失效，平台系泊系统不再具有对称特性。从系泊缆的受力分布来看，当系泊缆 3-1 失效时，其余 3 根系泊缆对其他立柱的合力大于其余 3 根系泊缆对 3 号立柱的合力，使得平台横摇和纵摇静平衡位置发生变化。横摇平衡位置在负方向上旋转 0.005 93 rad，并且纵摇平衡位置在正方向上旋转 0.004 45 rad。图 4-23(d)显示，在系泊缆 3-1 失效后 200 s 内，艏摇运动经历了大约 2.5 个周期(负艏摇角→正艏摇角→最大负角→最大正角)，并最终衰减到稳定状态(0.005 48 rad)。最终艏摇偏差与内孤立波作用下的偏差方向不一致。在整个过程中，最大负方向和最大正方向之间差距保持较小。

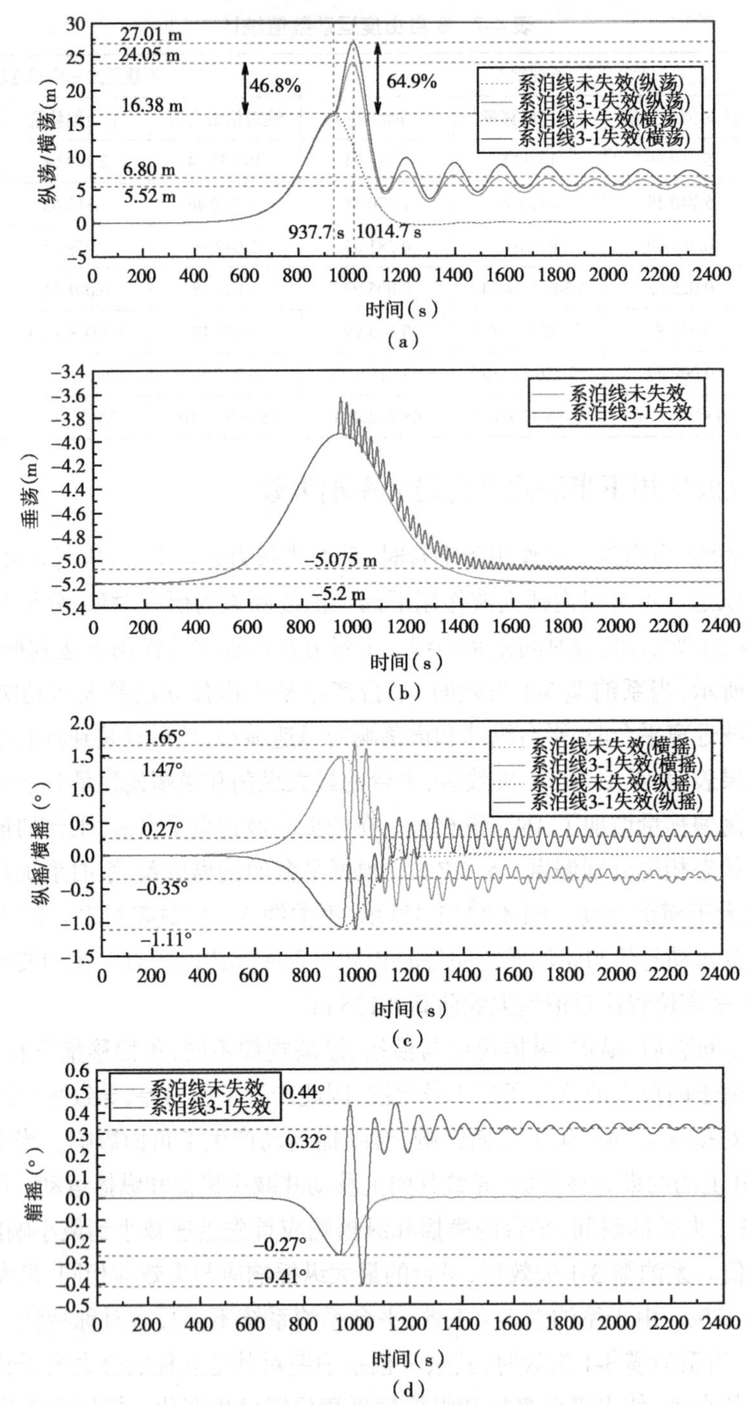

图 4-23　内孤立波作用下半潜式平台系泊失效影响

(a)纵荡和横荡　(b)垂荡　(c)横摇和纵摇　(d)艏摇

剩余系泊缆张力时间历程如图 4-24 所示，3 号浮筒上其余 3 根系泊缆的变化趋势几乎相同。当内孤立波通过平台时，系泊缆张力增加了 40%。系泊线 3-1 失效后，系泊线张力增加，达到整个时间历程的最大值，相对于静水压张力增加了 69%。与内孤立波作用下的最大张力相比，提高了 21%。当内孤立波远离平台时，系泊缆失效的瞬态效应逐渐减小，剩余系泊张力趋于静水平衡状态，新的锚泊线静水张力比前状态增加了 14%。1 号浮筒上的 4 根系泊缆的趋势相同，但由于系泊缆 3-1 的断裂，使平台系统不再关于 X 轴和 Y 轴对称。因此 2 号浮筒和 4 号浮筒上的 4 根系泊缆的趋势不同。

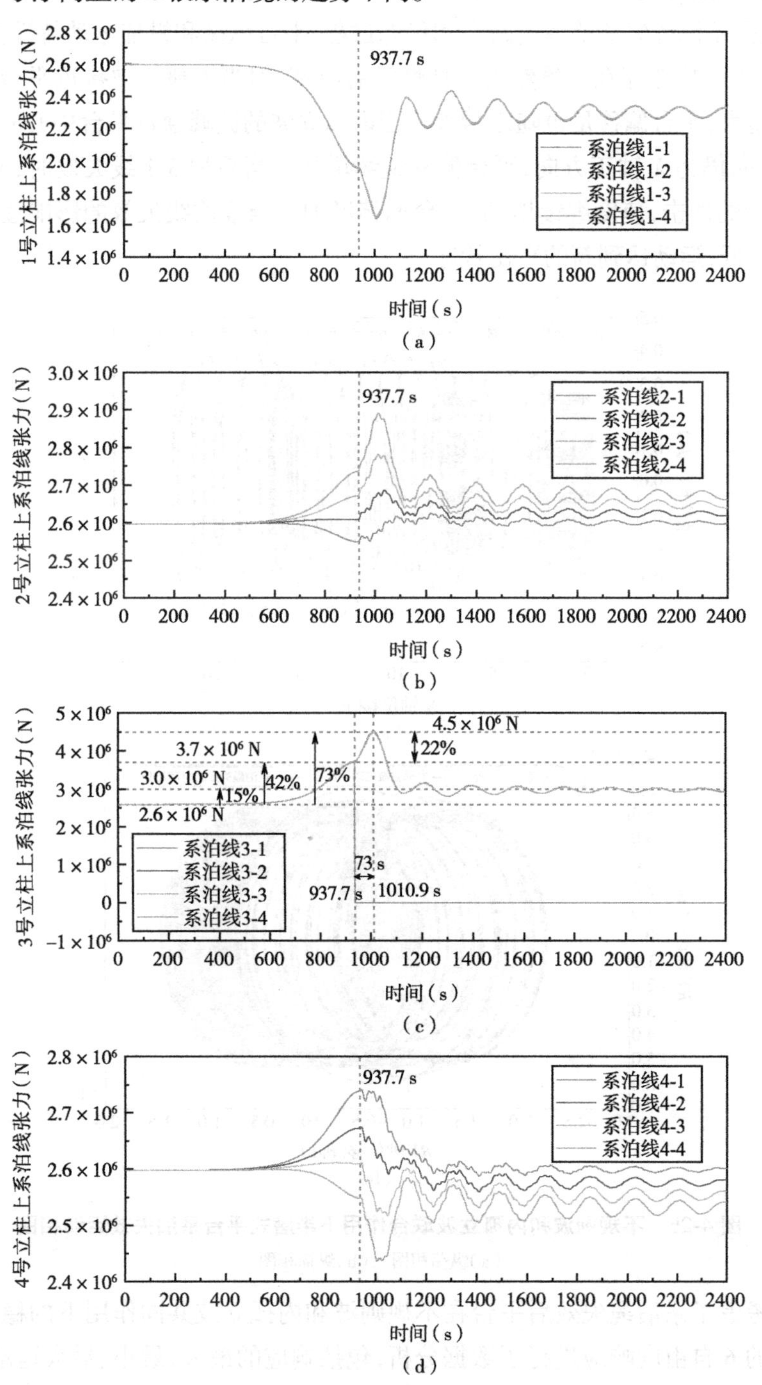

图 4-24　剩余系泊线张力变化

(a)1 号立柱　(b)2 号立柱　(c)3 号立柱　(d)号立柱

图 4-23 和图 4-24 中另一个有价值的发现是,从系泊缆断裂到纵荡、横荡响应和系泊缆张力达到最大值之间存在接近 75 s 的时间差,这与 TLP 筋断裂有明显不同。这一结果使平台工作人员能够为系泊缆损坏造成的灾害提供应急响应服务。

以纵荡和纵摇为例,绘制了规则波作用下平台系泊索断裂的相图(图 4-25)。从图中可以看出,无论是系泊缆失效前后的瞬态和稳态过程,平台纵荡和纵摇运动特性都没有发生变化,线性运动规律依然存在。虽然运动特性没有改变,但当内孤立波接近平台时,平台的运动速度逐渐增大,平台偏移量也随之增大。当内孤立波的波峰通过平台中心时,速度缓慢下降,但总体方向仍为 X 轴正方向,平台偏移继续增加。当系泊 3-1 线失效时,冲击大于内孤立波远离平台的冲击,速度继续增加,平台偏移增加。当锚泊线失效的影响逐渐减小时,速度开始缓慢降低,运动达到新的平衡状态。

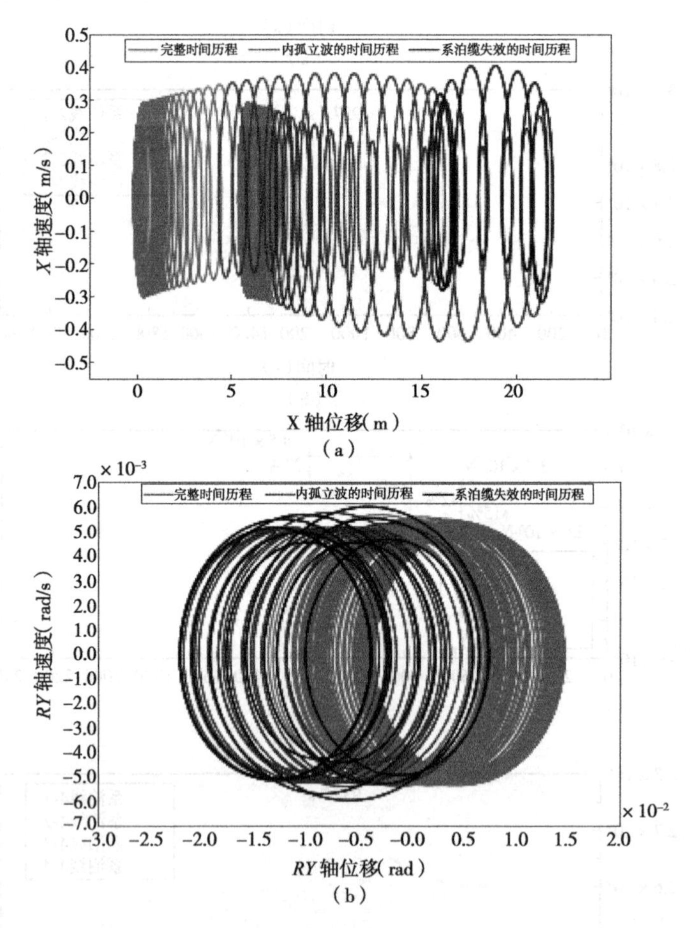

图 4-25 不规则波和内孤立波联合作用下半潜式平台系泊失效运动相图

(a)纵荡相图 (b)纵摇相图

本节还考虑了系泊缆失效后平台在不规则波和内孤立波共同作用下的稳定运动响应。对失效前后的 6 自由度响应进行了数据分析,包括响应的最大、最小、最大运动幅度和标准差,结果见表 4-8。由于系泊线 3-1 失效,系泊系统提供给平台的刚度降低,导致平台的静水平衡位置发生偏移,影响平台运动幅度。从数值角度来看,面内运动(纵荡、横荡和艏摇)的变化最大。纵荡最大偏移量增加了 6.423 1 m，横荡最大偏移量增加了 7.859 62 m，最大运动幅度分别增加了 22% 和 25%。平面外运动（垂荡、横摇和纵摇）变化较小，表明系泊缆 3-1 的失效对平面外刚度的影响很小。标准差表明，除艏摇外，其余自由度的标准差保持相对恒定，这也表明 3-1 号系泊缆的故障未影响平台的波动特性。

表 4-8　系泊失效前后运动数值统计

状况		最大值	最小值	差值	标准差
系泊缆失效前	纵荡（m）	4.849 72	−1.233 66	6.083 38	1.134 1
	横荡（m）	4.813 65	−1.201 69	6.015 34	1.125 94
	垂荡（m）	1.075 45	−0.925 45	2.000 9	0.284 89
	横摇（rad）	0.019 59	−0.025 62	0.045 21	0.006 03
	纵摇（rad）	0.023 46	−0.020 72	0.044 18	0.006 09
	艏摇（rad）	$2.905\ 4 \times 10^{-4}$	$-6.483\ 57 \times 10^{-4}$	$9.388\ 97 \times 10^{-4}$	1.52×10^{-4}
系泊缆失效后	纵落（m）	11.272 82	3.856 91	7.415 91	1.229 8
	横荡（m）	12.673 27	5.173 21	7.500 06	1.261 02
	垂荡（m）	1.010 57	−0.697 98	1.708 55	0.279 85
	横摇（rad）	0.014 36	−0.025 48	0.039 84	0.005 55
	纵摇（rad）	0.027 3	−0.015 69	0.042 99	0.006 56
	艏摇（rad）	0.006 19	0.004 23	0.001 96	$3.346\ 16 \times 10^{-4}$

之前的研究分析了内孤立波作用下单根系泊缆断裂的情况。当单根系缆断裂时，同一立柱上系泊缆的张力会明显增大，容易造成剩余系泊缆的二次断裂。因此，后续分析了同一立柱上两根系泊缆同时断裂和渐进断裂的情况。同时失效的时间点与之前相同，渐进失效的时间为系泊缆 3-1 失效后，系泊缆 3-2 张力达到最大值的时间点。荷载环境条件为是波高为 8.2 m 和波峰周期为 13 s。不规则波的方向为 45°。具体计算结果如图 4-26 所示。

图 4-26 显示，除了垂荡运动之外，其他 5 个自由度运动都明显不同。纵荡和横荡的变化和波动相同；因此，将纵荡作为分析的例子。如图 4-26（a）所示，连续断裂下的最大纵荡响应及其发生时间与渐进断裂下的最大纵荡响应不同。同时断裂下的最大纵荡响应明显大于渐进断裂下的最大纵荡响应，约为渐进断裂下最大值的 18.5%。渐进断裂下纵荡最大响应时间比同时断裂时最大响应时间晚了约 85.8 s。当系泊缆 3-2 断裂时，平台有一个短的缓冲区，然后达到其最大响应。随着时间推移，平台的纵荡运动趋于稳定状态，两者的纵荡运动具有相同的波动状态。对于横摇和纵摇运动（图 4-26（c）），其变化不同于纵荡。渐进断裂下的横摇和纵摇最大值分别小于同时断裂下最大值的 19.5% 和 32.1%。无论是渐进断裂还是同时断裂，平台的横摇和纵摇响应都可以在系泊缆故障时迅速达到最大值。对于艏摇运动（图 4-26（d）），两者之间存在很大的差异，并且在系泊缆失效前后艏摇状态发生显著变化。首先，平台在渐进断裂下的最大艏摇角大约比同时断裂下的最大艏摇角大 4%。其次，在系泊缆失效前平台的艏摇运动没有明显的波动，但在系泊缆失效后平台艏摇运动有明显的周期性波动。从数值角度来看，系泊缆失效后艏摇的标准差（1.89×10^{-4}）比失效前艏摇的标准差（2.76×10^{-5}）大一个数量级。

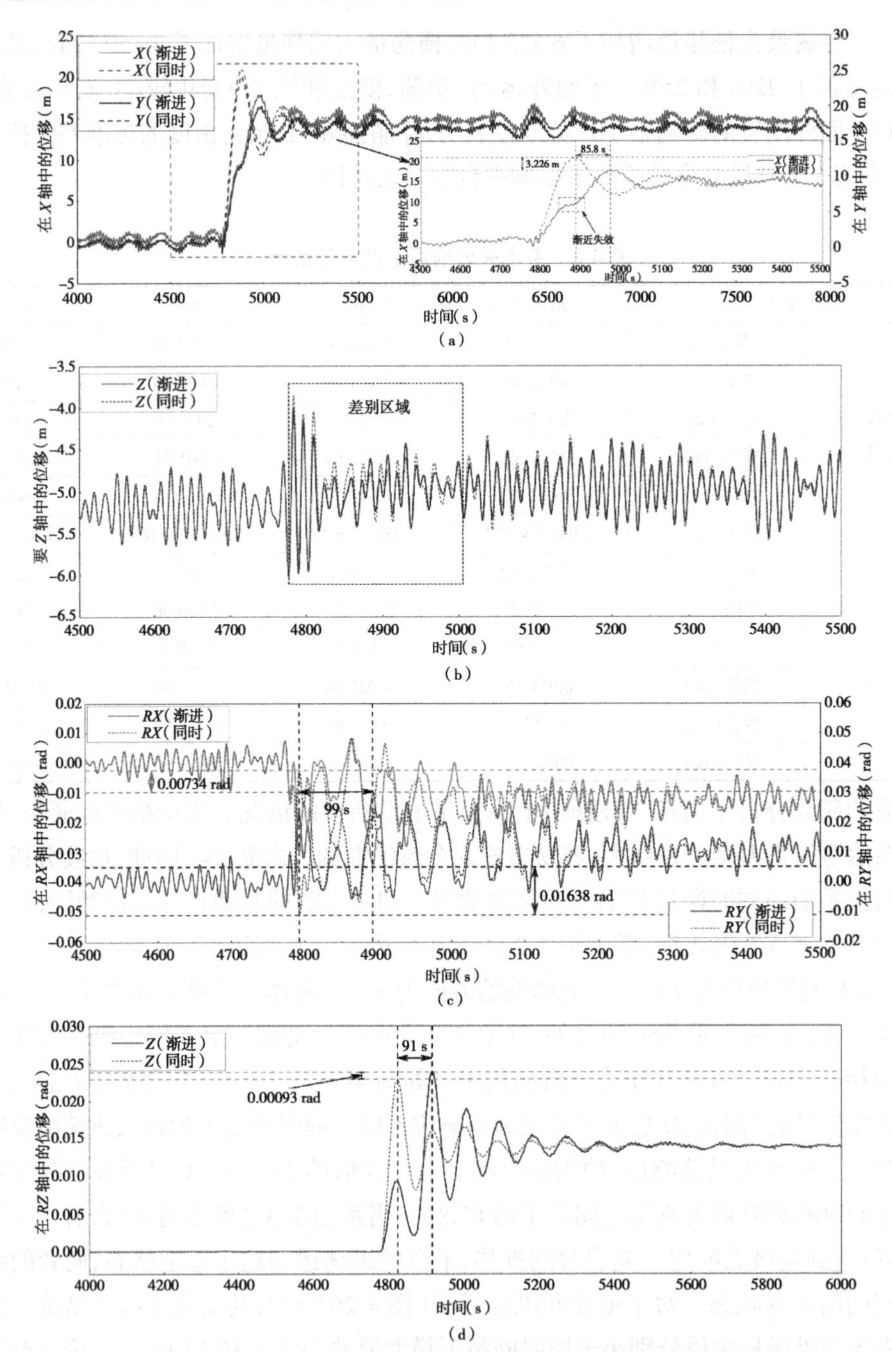

图 4-26 两根系泊线渐进失效和同时失效情况下半潜式平台运动对比

(a)纵荡与横荡 (b)垂荡 (c)横摇和纵摇 (d)艏摇

图 4-27 显示了不同立柱上系泊缆张力的变化时程。由于渐进断裂使剩余系泊缆反应时间延长,剩余系泊缆从断裂时刻到最大张力所用时间比同时断裂所用时间长。由于系泊缆力的变化,我们对系泊缆断裂过程中的平台系统的加速度进行了统计分析,分析了 4 500~5 500 s 时间范围内的加速度,包括加速度的最大值、最小值、平均值和标准差,见表 4-9。在系泊缆断裂过程中,两者加速度各值变化不大,平均值较小,说明系缆断裂过程中平

台所受外力的依从性差异不大。当系缆失效时，同一立柱上剩余的系泊缆将承受原4根系缆的力，使系缆失效前后的总外力变化不大。虽然外力变化不大，但系泊缆断裂引起了平台系统的瞬时结构变化，迫使平台产生更为剧烈的瞬态响应。

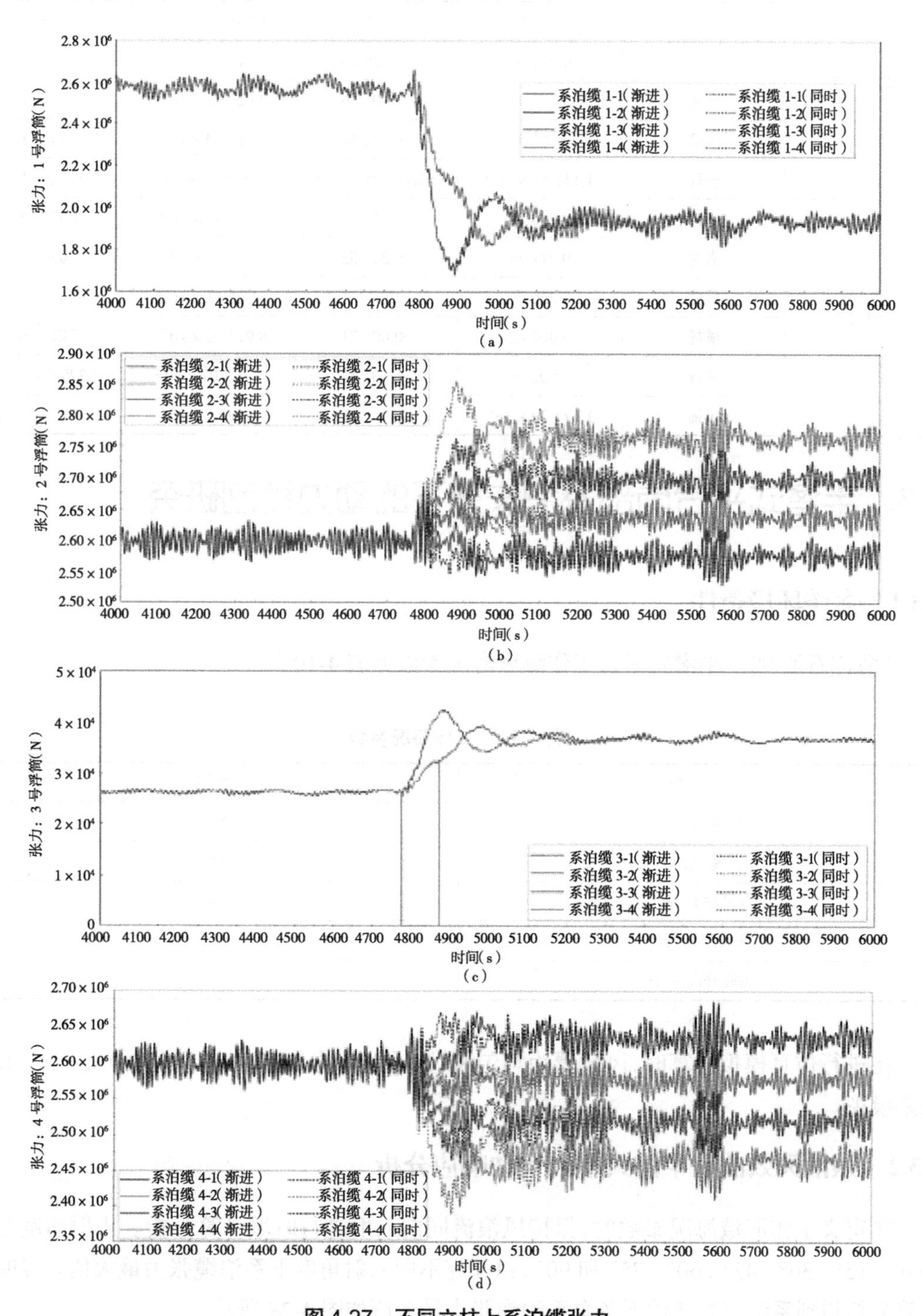

图4-27　不同立柱上系泊缆张力

(a)1号浮筒　(b)2号浮筒　(c)3号浮筒　(d)4号浮筒

表 4-9 系泊失效前后加速度数值统计

状况		最大值	最小值	平均值	标准差
渐进失效	纵荡	0.208 43	−0.219 38	$1.220\ 2\times10^{-4}$	0.055 87
	横荡	0.208 84	−0.218 29	$1.161\ 52\times10^{-4}$	0.055 94
	垂荡	0.227 63	−0.229 68	$-1.161\ 3\times10^{-4}$	0.059 41
	横摇	0.002 56	−0.002 66	$7.626\ 43\times10^{-7}$	$7.735\ 2\times10^{-4}$
	纵摇	0.002 56	−0.002 44	$-5.198\ 0\times10^{-7}$	$7.340\ 6\times10^{-4}$
	艏摇	$1.132\ 59\times10^{-4}$	$-1.171\ 04\times10^{-4}$	$-2.849\ 72\times10^{-8}$	$3.217\ 8\times10^{-5}$
同时失效	纵荡	0.210 86	−0.213 31	$1.160\ 47\times10^{-4}$	0.055 97
	横荡	0.211 79	−0.212 52	$1.137\ 41\times10^{-4}$	0.056 11
	垂荡	0.220 29	−0.232 7	$-1.088\ 1\times10^{-4}$	0.059 68
	横摇	0.002 62	−0.002 71	$8.977\ 92\times10^{-7}$	7.742×10^{-4}
	纵摇	0.002 58	−0.002 44	$-5.243\ 07\times10^{-7}$	$7.329\ 5\times10^{-4}$
	艏摇	$1.171\ 29\times10^{-4}$	$-1.769\ 5\times10^{-4}$	$-3.597\ 1\times10^{-8}$	$3.371\ 5\times10^{-5}$

4.3 半潜式平台局部系泊失效下的动力控制研究

4.3.1 海洋环境条件

“海洋石油 981”半潜式平台工作海域海况参数见表 4-10。

表 4-10 工作海况参数

海况参数	数值
风速（m/s）	23.1
流速（m/s）	0.93
有义波高（m）	6
谱峰周期（s）	11.2
谱峰升高因子	2

在进行仿真模拟计算时，风设置为均匀风，流设置为均匀流，波浪采用 JONSWAP 波浪谱来模拟。

4.3.2 系泊失效前后半潜式平台运动响应分析

在定义工作海域海况参数时，保持风浪流同向入射进行时域计算分析。入射角度分别为 0°、15°、30°、45°、60°、75° 和 90°，以探究不同入射角度下系泊缆张力最大值。经时域计算分析得到系泊完整条件下各个系泊缆张力最大值如图 4-28 所示。

从图 4-28 可以看出，风浪流同向 45° 入射时，半潜式平台 9 号系泊缆张力最大值最大，约为 3.298 MN。根据相关文献，半潜式平台系泊缆在作业工况下的安全系数（系泊缆破断强度与其最大张力的比值）为 2.5。因此，结合表 4-4 计算出，风浪流同向 45° 入射时，9 号系泊缆的安全系数值小于 2.5。考虑到疲劳、腐蚀和人为破坏等其他因素，此时出现系泊失效情况的概率相对较高。

后续保持风浪流同向 45° 入射，断开 9 号系泊缆以研究半潜式平台在系泊失效后的运动性能。又因为在系泊完整条件下，半潜式平台 6 个自由度方向上的运动响应在 2 000 s 时已经相对比较稳定，所以选择在中间时刻即 2 000 s，去断开 9 号系泊缆。

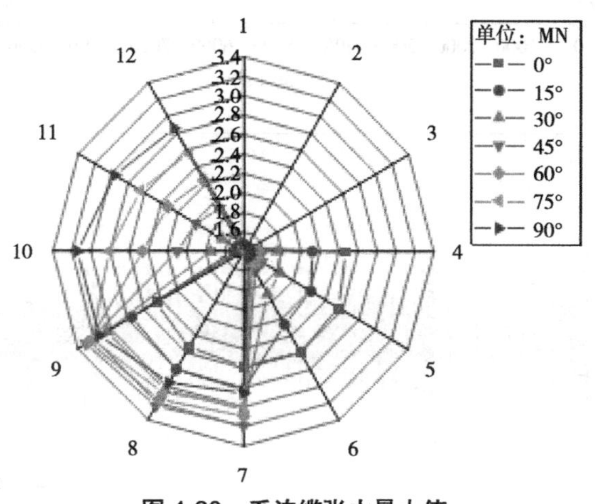

图 4-28　系泊缆张力最大值

保持风浪流同向 45° 入射，系泊完整条件下和 9 号系泊缆失效条件下，半潜式平台在 6 个自由度方向上的运动响应对比如图 4-29 所示。

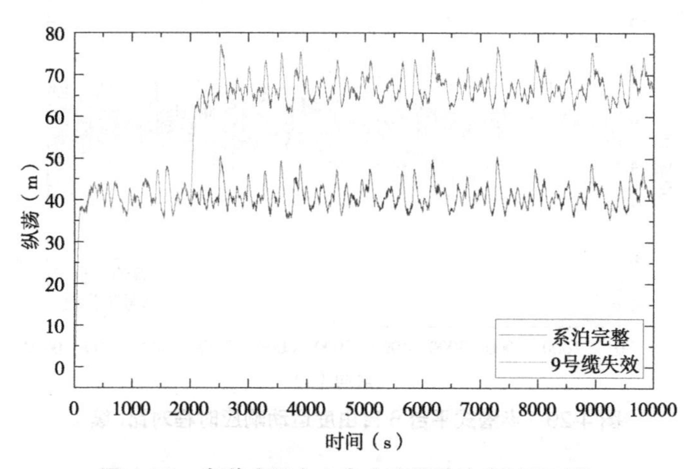

图 4-29　半潜式平台 6 自由度运动响应时程对比

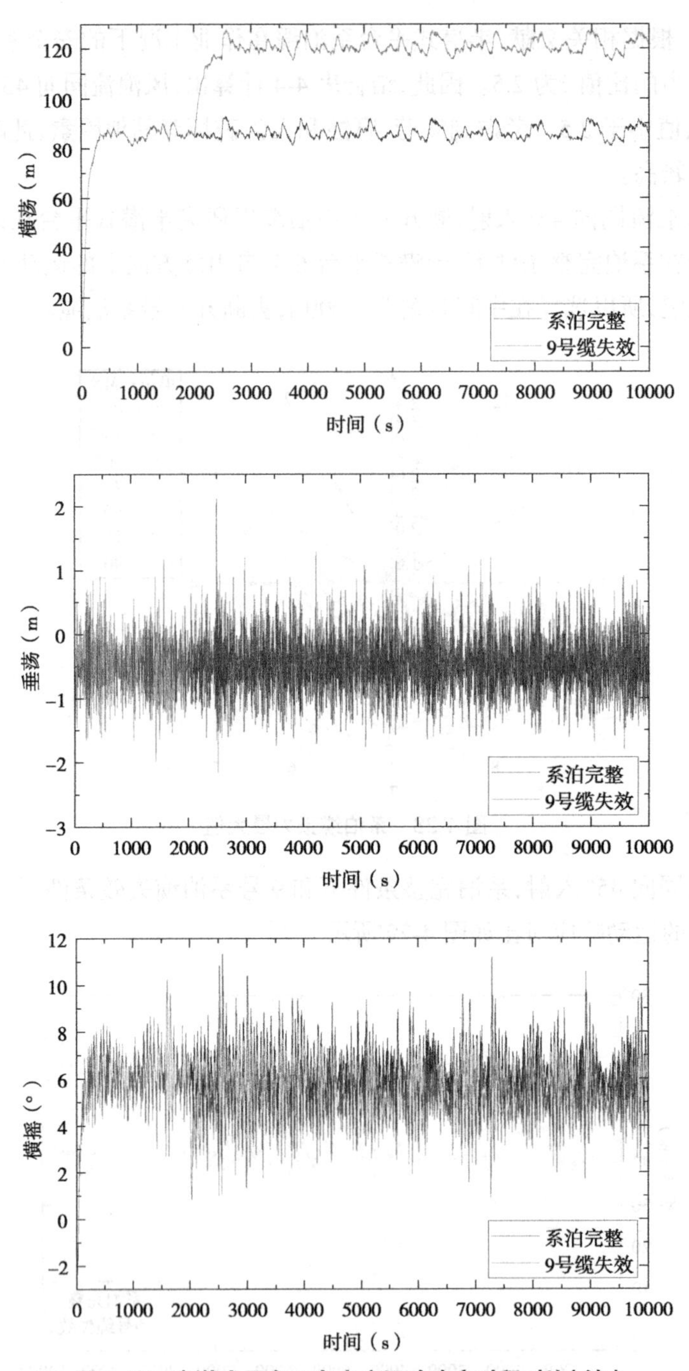

图 4-29 半潜式平台 6 自由度运动响应时程对比（续）

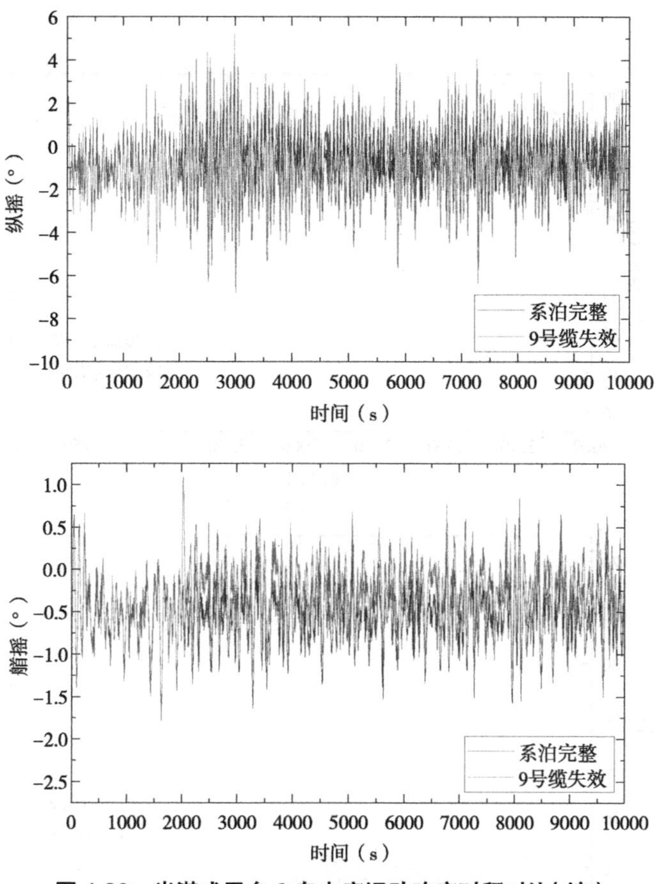

图 4-29　半潜式平台 6 自由度运动响应时程对比(续)

从半潜式平台 6 个自由度方向上的运动响应时程对比可以看出,风浪流同向 45° 入射时,相比于系泊完整条件,在 9 号缆失效条件下,半潜式平台在垂荡、横摇、纵摇和艏摇方向上的运动响应变化较小,在纵荡和横荡方向上的运动响应最大值分别增大 52% 和 37%。而动力定位系统可以通过推进器产生的推力,很好地控制半潜式平台在平面内,即在纵荡、横荡和艏摇方向上的运动响应,有效地补偿系泊失效后带来的运动响应变化。因此,后续将研究使用无模型自适应控制作为动力定位系统控制理论,通过动力定位系统来弥补系泊失效后带来的运动响应变化。

在海洋环境条件的作用下,半潜式平台在海面上的运动可视作低频运动与波频运动的叠加。保持风浪流同向 45° 入射, 9 号缆失效 2 000 s 内,半潜式平台在纵荡、横荡和艏摇 3 自由度方向上的低频和波频运动响应如图 4-30 所示。

从半潜式平台纵荡、横荡和艏摇 3 自由度方向上的低频和波频运动响时程中可以看出,波频运动主要引起平台在平衡位置附近周期往复运动,其是由一阶波浪力引起的,并不会使平台偏离初始位置。而低频运动主要引起平台大幅度偏移运动,其是由风力、流力和二阶波浪力共同作用引起的。因此,在后续使用动力定位系统时,只需保留由风力、流力、二阶波浪力和推进器推力共同作用引起的低频运动进行反馈,从而有效地减小波频运动带来的推进器磨损。

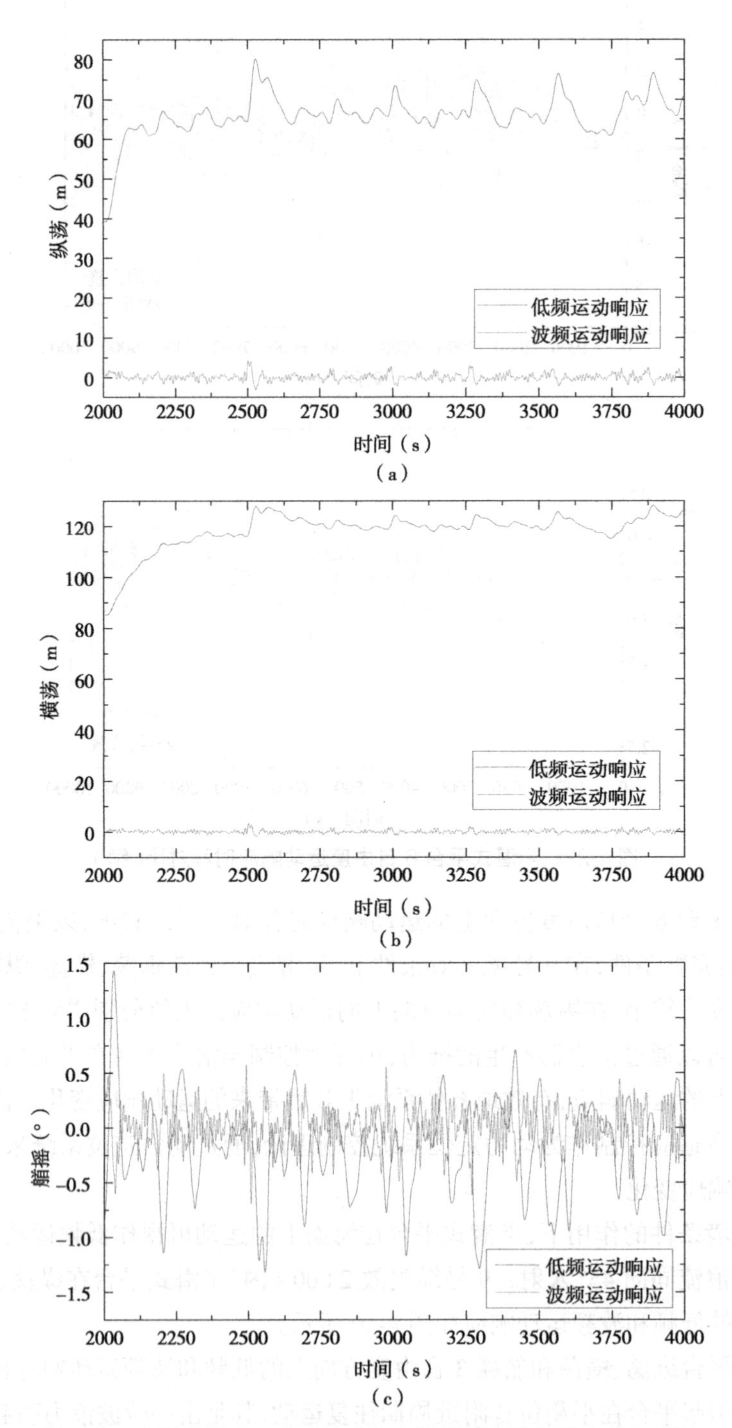

图 4-30 半潜式平台 3 自由度方向上的低频和波频运动响应时程

(a)纵荡 (b)横荡 (c)艏摇

4.3.3 基于无模型自适应控制的半潜式平台系泊失效后运动性能恢复

4.3.3.1 动态线性化方法

无模型自适应控制（Model-Free Adaptive Control，MFAC）通过引入伪偏导数、伪梯度、伪雅克比矩阵和伪阶数等新概念，将非线性系统等价转换为一系列基于输入输出增量形式的动态线性化数据模型。利用系统输入输出数据实时在线估计伪雅可比矩阵，实现系统的自适应控制。

在进行无模型自适应控制器设计之前，首先需要对非线性系统进行动态线性化。其主要有紧格式动态线性化（Compact Form Dynamic Linearization，CFDL）、偏格式动态线性化（Partial Form Dynamic Linearization，PFDL）和全格式动态线性化（Full Form Dynamic Linearization，FFDL）3 种方法。其中，紧格式动态线性化仅考虑了系统在下一时刻的输出变化量与当前时刻的输入变化量之间的时变动态关系，偏格式动态线性化还考虑了系统在下一时刻的输出变化量与当前时刻的一个固定长度滑动时间窗口内的输入变化量之间的时变动态关系，而全格式动态线性化则将当前时刻具有某个长度的滑动时间窗口内的所有控制输入变化量和系统输出变化量对下一时刻系统输出变化量的影响都考虑进来。因此，当系统的输出伪阶数 L_y=0 时，全格式动态线性化就转变为偏格式动态线性化；当系统的输出伪阶数 L_y=0 和输入伪阶数 L_u=1 时，全格式动态线性化就转变为紧格式动态线性化。

半潜式平台动力定位控制系统可以根据当前时刻纵荡、横荡和艏摇方向上的低频运动响应，利用期望位置和艏向，来计算出需要施加到平台的控制作用力，属于多输入多输出离散时间非线性系统。其全格式动态线性化过程可描述如下。

考虑如下多输入多输出离散时间非线性系统：

$$\boldsymbol{y}(k+1)=\boldsymbol{f}\left[\boldsymbol{y}(k),\cdots,\boldsymbol{y}\left(k-n_y\right),\boldsymbol{u}(k),\cdots,\boldsymbol{u}\left(k-n_u\right)\right] \tag{4-12}$$

其中，$\boldsymbol{y}(k)$、$\boldsymbol{u}(k)$ 分别为当前时刻系统的位置输出和控制力输入，$\boldsymbol{y}(k)$、$\boldsymbol{u}(k)\in\mathbf{R}^m$；$\boldsymbol{f}(\cdot)$ 为未知的非线性函数；n_y、n_u 为未知的系统输出阶数和输入阶数。

定义 $\boldsymbol{H}_{yu}(k)=\left[\boldsymbol{y}^{\mathrm{T}}(k),\cdots,\boldsymbol{y}^{\mathrm{T}}(k-L_y+1),\boldsymbol{u}^{\mathrm{T}}(k),\cdots,\boldsymbol{u}^{\mathrm{T}}(k-L_u+1)\right]^{\mathrm{T}}\in\mathbf{R}^{m(L_y+L_u)}$，$L_y$ 和 L_u 分别为系统的输出伪阶数和输入伪阶数。

对非线性系统做如下假设。

假设 1：非线性函数的各个分量都存在连续偏导数。

假设 2：非线性系统满足广义利普希茨（Lipschitz）条件，即对于任意时刻 k 和 $\Delta\boldsymbol{H}_{yu}(k)\neq 0$，均有

$$\|\Delta\boldsymbol{y}\left(k+1\right)\|\leqslant b\|\Delta\boldsymbol{H}_{yu}\left(k\right)\| \tag{4-13}$$

其中，b 为常数，b>0。

若非线性系统满足假设 1 和假设 2，且对所有时刻 k 有 $\|\Delta\boldsymbol{H}_{yu}\left(k\right)\|\neq 0$，系统可以等价地表示为如下全格式动态线性化模型：

$$\boldsymbol{y}(k+1)=\boldsymbol{y}(k)+\boldsymbol{\Phi}_{yu}(k)\Delta\boldsymbol{H}_{yu}(k) \tag{4-14}$$

其中，$\boldsymbol{\Phi}_{yu}(k)$ 为分块伪雅克比矩阵，且对于任意时刻 k 有界，$\boldsymbol{\Phi}_{yu}(k)=(\boldsymbol{\Phi}_1(k) \quad \boldsymbol{\Phi}_2(k) \quad \cdots \quad \boldsymbol{\Phi}_{L_y+L_u}(k))$。

4.3.3.2 控制律导出

在对半潜式平台动力定位控制系统进行动态线性化之后，可对控制器实现伪雅可比矩阵在线估计，进而导出控制律。

假设 $\boldsymbol{\Phi}_{L_y+1}(k)$ 是满足如下条件的对角占优矩阵，且 $\boldsymbol{\Phi}_{L_y+1}(k)$ 中所有元素的符号对任意时刻 k 保持不变。考虑如下控制性能指标函数：

$$J(\boldsymbol{u}(k))=\left\|\boldsymbol{y}_{\mathrm{r}}(k+1)-\boldsymbol{y}(k+1)\right\|^2+\lambda\|\boldsymbol{u}(k)-\boldsymbol{u}(k-1)\|^2 \tag{4-15}$$

其中，$\boldsymbol{y}_{\mathrm{r}}(k+1)$ 为期望位置和艏向；λ 为权重因子，$\lambda>0$。将式（4-14）代入性能指标函数中，对 $J(\boldsymbol{u}(k))$ 关于 $\boldsymbol{u}(k)$ 求极值，进而得到 $\boldsymbol{\Phi}_{yu}(k)$ 的估计方法为

$$\hat{\boldsymbol{\Phi}}_{yu}(k)=\hat{\boldsymbol{\Phi}}_{yu}(k-1)+\frac{\eta[\Delta\boldsymbol{y}(k)-\hat{\boldsymbol{\Phi}}_{yu}(k-1)\Delta\boldsymbol{H}_{yu}(k-1)]\Delta\boldsymbol{H}_{yu}^T(k-1)}{\mu+\|\Delta\boldsymbol{H}_{yu}(k-1)\|^2} \tag{4-16}$$

如果 $\left|\hat{\phi}_{ii(L_y+1)}(k)\right|<b_2$ 或 $\left|\hat{\phi}_{ii(L_y+1)}(k)\right|>\alpha b_2$ 或 $\operatorname{sign}\left[\hat{\phi}_{ij(L_y+1)}(k)\right]\neq\operatorname{sign}\left[\hat{\phi}_{ij(L_y+1)}(0)\right], i=1,2,\cdots,m$，那么

$$\hat{\phi}_{ii(L_y+1)}(k)=\hat{\phi}_{ii(L_y+1)}(0) \tag{4-17}$$

如果 $\left|\hat{\phi}_{ij(L_y+1)}(k)\right|>b_1$ 或 $\operatorname{sign}\left[\hat{\phi}_{ij(L_y+1)}(k)\right]\neq\operatorname{sign}\left[\hat{\phi}_{ij(L_y+1)}(0)\right], i=1,2,\cdots,m, j=1,2,\cdots,m, i\neq j$

$$\hat{\phi}_{ij(L_y+1)}(k)=\hat{\phi}_{ij(L_y+1)}(0) \tag{4-18}$$

其中，η 为步长因子，$\eta\in(0,2]$；μ 为权重因子，$\mu>0$；$\hat{\phi}_{ij(L_y+1)}(0)$ 为 $\hat{\phi}_{ij(L_y+1)}(k)$ 的初值。

在对分块伪雅可比矩阵进行在线估计的同时，得到如下简化控制律：

$$\boldsymbol{u}(k)=\boldsymbol{u}(k-1)+\frac{\boldsymbol{\Phi}_{L_y+1}^{\mathrm{T}}(k)\rho_{L_y+1}\left[\boldsymbol{y}_{\mathrm{r}}(k+1)-\boldsymbol{y}(k)\right]}{\lambda+\|\boldsymbol{\Phi}_{L_y+1}(k)\|^2}-\frac{\boldsymbol{\Phi}_{L_y+1}^{\mathrm{T}}(k)\left\{\sum_{i=1}^{L_y}\rho_i\boldsymbol{\Phi}_i(k)\Delta\boldsymbol{y}(k-i+1)+\sum_{i=L_y+2}^{L_y+L_u}\rho_i\boldsymbol{\Phi}_i(k)\Delta\boldsymbol{u}(k+L_y-i+1)\right\}}{\lambda+\|\boldsymbol{\Phi}_{L_y+1}(k)\|^2} \tag{4-19}$$

其中，ρ_i 为步长因子，$i=1,2,\cdots,L_y+L_u$；λ 为权重因子，$\lambda>0$。

4.3.3.3 控制算法设计

在进行动力定位控制系统设计时，只需保留低频运动进行反馈。利用分块伪雅可比矩阵的在线实时估计和控制律更新输入，即可建立动力定位系统无模型自适应控制算法。其流程如图 4-31 所示。

步骤 1：设置控制器输入/输出初值和雅可比矩阵初值，以及参数 η、μ、ρ 和 λ。

步骤 2：采集当前时刻半潜式平台纵荡、横荡和艏摇方向上的低频运动响应以及半潜式平台期望位置。

步骤 3：根据相应公式在线实时估计伪雅可比矩阵。

步骤 4：根据相应控制律计算并对半潜式平台施加控制作用力。

步骤 5：$k=k+1$，返回步骤 2，继续循环。

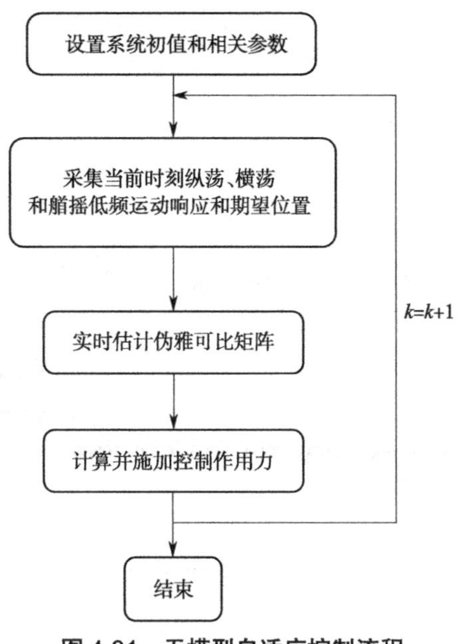

图 4-31　无模型自适应控制流程

4.3.3.4　数值仿真模拟

在利用 AQWA 软件进行数值仿真模拟时，由于 9 号缆失效后半潜式平台艏摇方向上运动响应变化不大，所以半潜式平台艏摇方向上的期望位置设置为零即可。相比于基于紧格式动态线性化的无模型自适应控制，基于偏格式动态线性化的无模型自适应控制还考虑了当前时刻的系统输出变化量与前一时刻控制输入变化量之间的关系，即输入伪阶数为 2。而相比于基于偏格式动态线性化的无模型自适应控制，基于全格式动态线性化的无模型自适应控制还考虑了当前时刻系统输出变化量与前一时刻系统输出变化量之间的关系，即输出伪阶数为 1、输入伪阶数为 2。

在进行控制器参数调节时，步长因子 ρ 在控制系统中起着绝对性的作用。保持 3 种控制器中相关参数一致，采用试凑法来调节各个方向上的步长因子。以响应恢复速度和达到稳定后的状态为基准，通过调节发现，在一定变化范围内，控制器均能达到很好的控制效果。施加动力定位系统后，半潜式平台在纵荡、横荡和艏摇方向上的运动响应对比如图 4-32 所示。

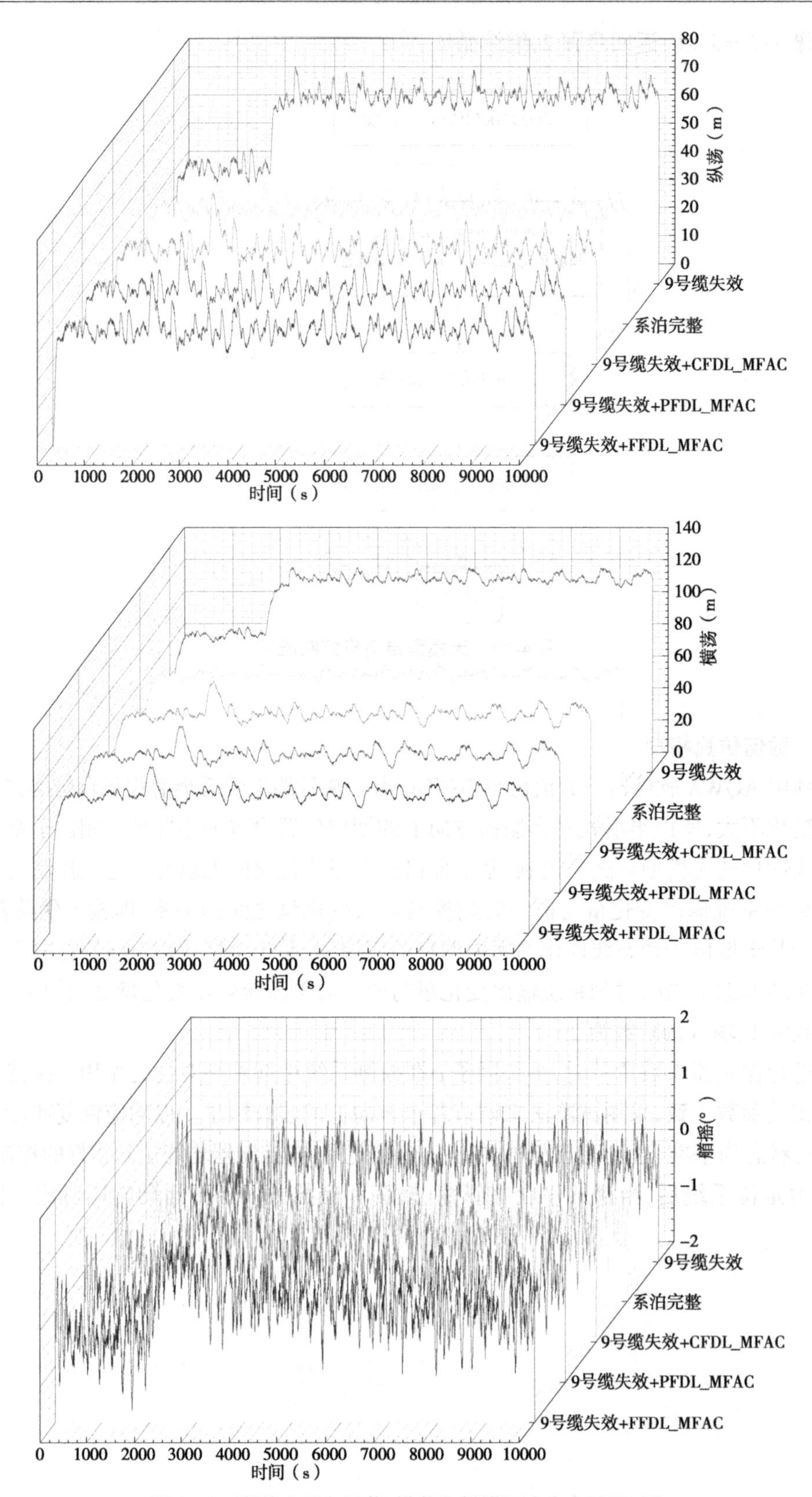

图 4-32 半潜式平台纵荡、横荡和艏摇运动响应时程对比

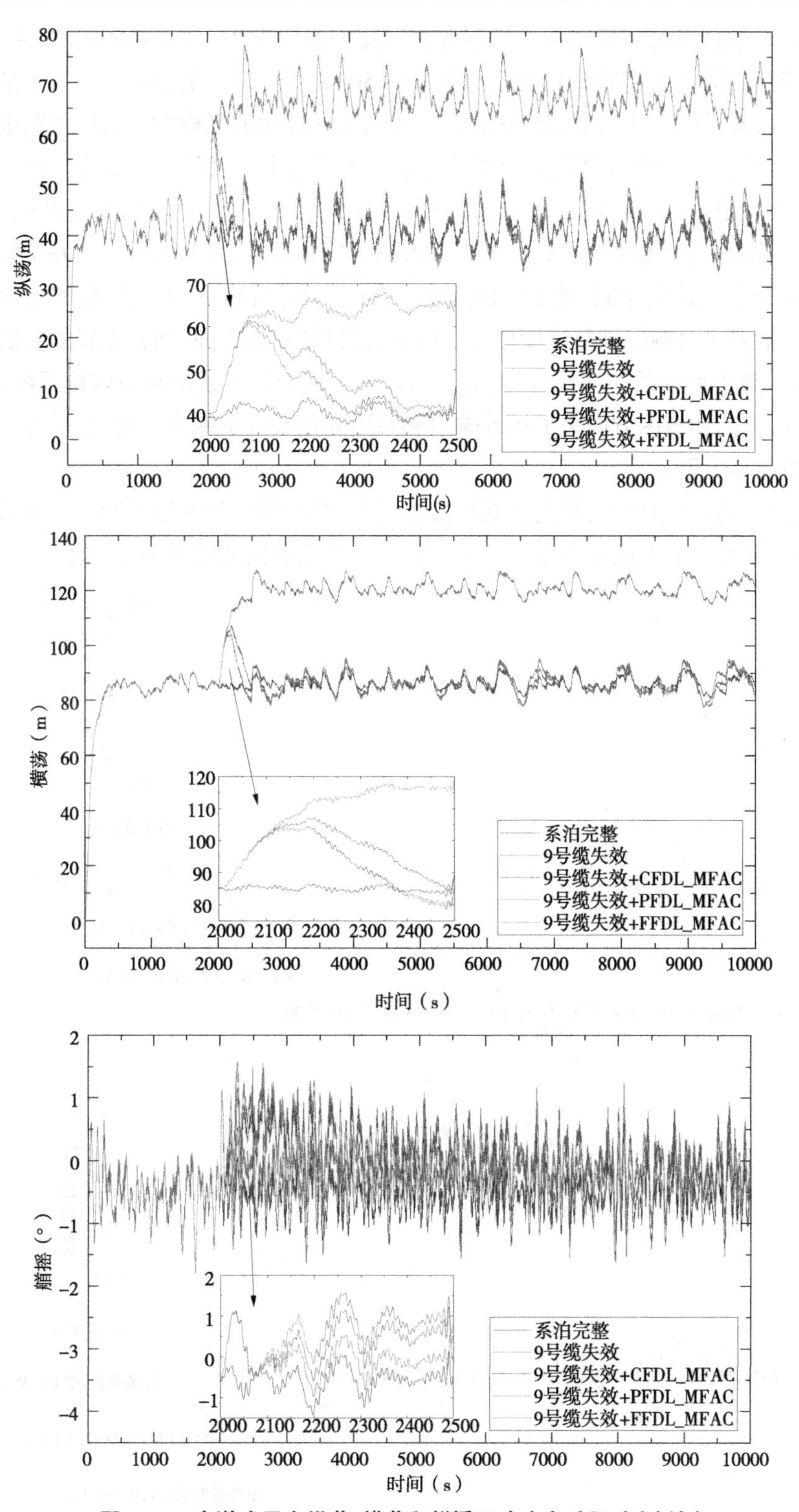

图4-32　半潜式平台纵荡、横荡和艏摇运动响应时程对比(续)

从半潜式平台纵荡和横荡运动响应时程对比中可以看出,基于紧格式动态线性化的无模型自适应控制能让半潜式平台在系泊失效后 500 s 恢复到与系泊完整条件下基本一致的运动响应。而基于偏格式动态线性化和全格式动态线性化的无模型自适应控制则能让半潜式平台在系泊失效后 380 s 恢复到与系泊完整条件下基本一致的运动响应。由于系泊失效后半潜式平台在艏摇方向上运动响应变化并不是很明显,且艏摇方向上的期望位置为零。所以,其在一段时间内逐步恢复到零上下即可满足控制需求。因此,相比于基于紧格式动态线性化的无模型自适应控制,基于偏格式动态线性化和全格式动态线性化的无模型自适应控制能让半潜式平台响应恢复速度更快。同时,在控制效果方面,两者之间的差别不大。

此外,半潜式平台系泊失效后,施加采用以上 3 种控制方式的动力定位系统,在其达到稳定状态后,纵荡和横荡方向上的运动响应和系泊完整条件下基本一致,艏摇方向上的运动响应则维持在零上下。

无论是系泊失效条件下,还是失效后施加动力定位系统,与 9 号系泊缆一组的两根系泊缆,即 7 号和 8 号系泊缆的张力变化较大。其张力时程对比如图 4-33 所示。

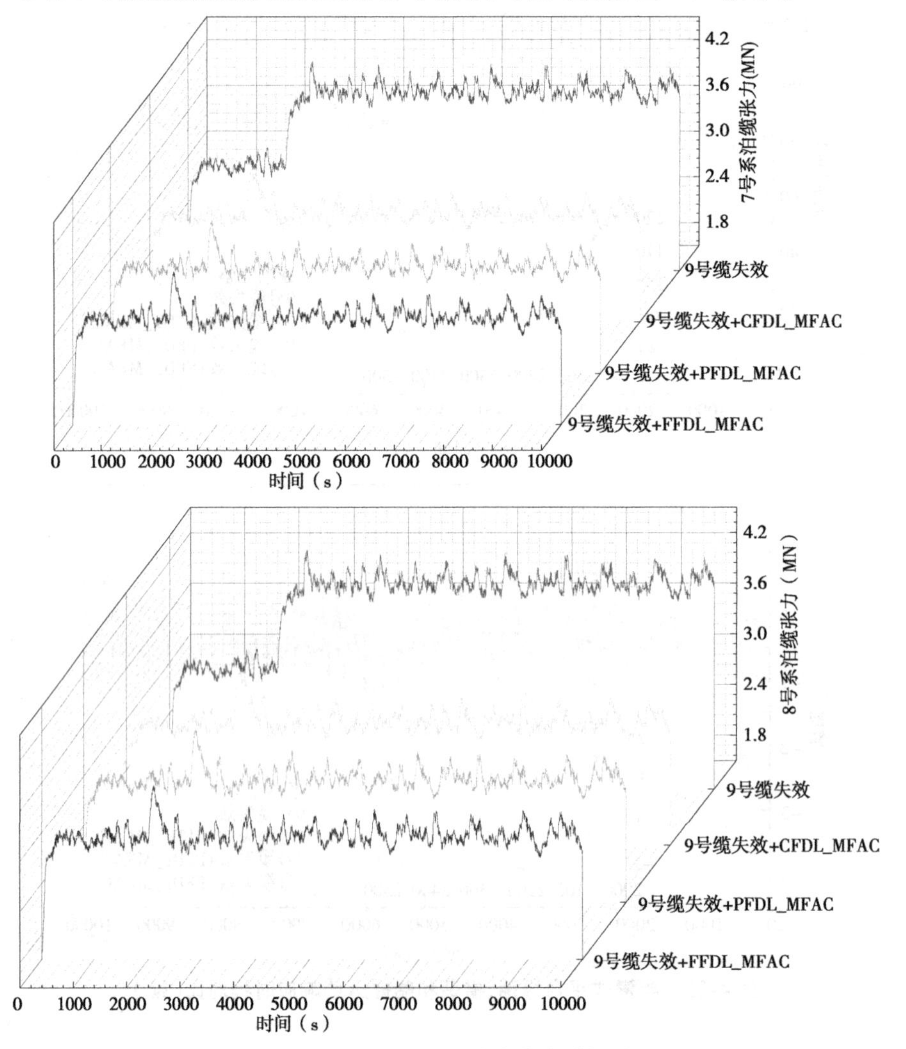

图 4-33 7 号和 8 号系泊缆张力时程对比

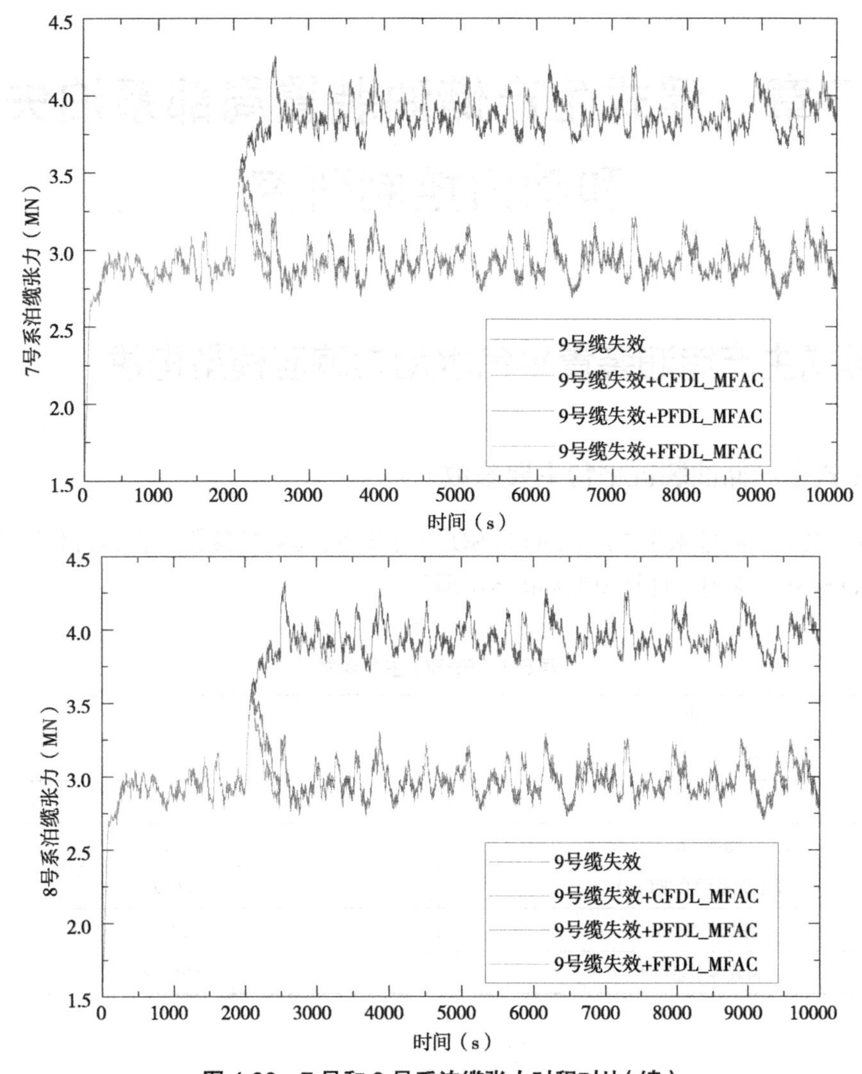

图 4-33　7 号和 8 号系泊缆张力时程对比(续)

从系泊缆张力时程对比中可以看出,系泊失效条件下, 7 号系泊缆和 8 号系泊缆张力最大值分别增大 33% 和 34%。而系泊失效后施加动力定位系统, 7 号系泊缆和 8 号系泊缆张力最大值以及达到稳定状态后的张力值均显著减小。因此,在系泊失效后施加动力定位系统,不仅可以很好地补偿系泊失效带来的运动响应变化,而且可以有效减小系泊失效带来的相应系泊缆张力变化,进而减轻系泊失效带来的危害。

本章部分图例

说明:为了方便读者直观地查看彩色图例,此处节选了书中的部分内容进行展示。页面左侧的页码,为您标注了对应内容在书中出现的位置。

第 5 章　浮式生产储油装置局部系泊失效和动力控制研究

5.1　浮式生产储油装置平台水动力响应模型构建

5.1.1　浮式生产储油装置平台主要参数

本书选取了一艘排水量 24 万 t 的 FPSO 进行分析,其主要参数见表 5-1,利用建模软件对该 FPSO 建立的水动力计算模型如图 5-1 所示。

表 5-1　FPSO 主要参数

参数	数值
垂线间长(m)	310
型宽(m)	47
型深(m)	28
重心距基线高度(m)	13.32
满载吃水(m)	18.9
满载排水量(t)	240 869

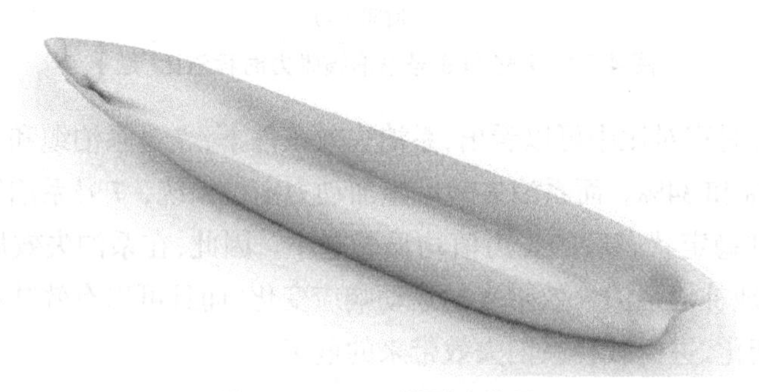

图 5-1　FPSO 模型渲染图

5.1.2　系泊系统主要参数

系泊系统为悬链式系泊,系泊缆设置为 4 组,每组 3 根,组内系泊缆夹角 5°,每根系泊缆由锚链和钢缆组成,全长 2 088 m,预张力为 1 201 kN,计算水深 910 m,其具体布置形式及详细参数如图 5-2 及表 5-2、表 5-3 所示。

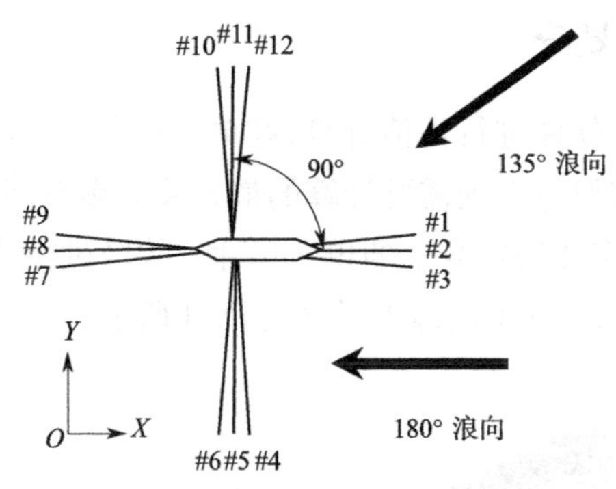

图 5-2　系泊缆布置

表 5-2　系泊缆各成分详细参数

参数	顶部系泊链	中部钢缆	底部系泊链
长度(m)	46	1128	914
直径(mm)	89	89	89
轴向刚度(kN)	794 000	690 000	794 000
断裂强度(kN)	6 514.5	6 421	6 514.5
湿重(kg/m)	143.4	35.7	143.4

表 5-3　转塔参数

参数	数值
转塔直径(m)	15.58
转塔底部伸出(m)	1.52
转塔中线距艏柱	20.5% L_{pp}

注:L_{pp} 为垂线间长,指在标准吃水时,首垂线和尾垂线在船长方向的长度。

将上文建立的 FPSO 船体模型导入 ANSYS 计算软件中进行处理之后,利用表 5-2、表 5-3 和图 5-2 中的数据,通过 AQWA 建立 FPSO 船体-内转塔-系泊缆耦合分析模型,具体如图 5-3 所示。

图 5-3　模型示意

5.1.3 面元模型及网格划分

本书主要利用 AQWA 软件进行数值计算，在单元划分时，要求 1 个波长至少要覆盖 7 个单元，因此划分网格时需要考虑到需要计算的最大波浪频率，但是如果网格划分过密，会导致计算时间过长，因此，需要确定合适的单元尺寸。故经过综合考虑，设置网格最大边长为 5 m，将整个船体划分为 4 060 个面体单元，如图 5-4 所示。

图 5-4 FPSO 面元模型

5.2 系泊线时变可靠性分析

5.2.1 环境数据选取

根据南海某地的环境数据进行分析，将其离散为下面的 60 种海况，其占据总海况的比例超过 97%，同时，假定风浪流同向，具体见表 5-4。

表 5-4 南海某地环境数据

编号	H_s(m)	T_p(s)	风速(m/s)	流速(m/s)	风浪流来向	概率(%)
1	0.33	8.95	3	0.12	东北	0.139 134
2	0.33	7.00	3	0.12	东	2.257 895
3	0.33	8.84	3	0.12	东	0.117 595
4	0.33	6.34	3	0.12	东南	0.944 672
5	0.33	6.39	3	0.12	南	1.720 836
6	0.33	5.70	3	0.12	西南	0.241 064
7	0.83	6.87	6	0.21	东北	1.252 417
8	0.83	9.87	6	0.21	东北	0.670 3
9	0.83	7.57	6	0.21	东	15.797 33
10	0.83	10.45	6	0.21	东	1.077 931
11	0.83	7.06	6	0.21	东南	4.864 658

续表

编号	H_s(m)	T_p(s)	风速(m/s)	流速(m/s)	风浪流来向	概率(%)
12	0.83	10.63	6	0.21	东南	0.103 887
13	0.83	7.07	6	0.21	南	11.071 55
14	0.83	10.29	6	0.21	南	0.378 24
15	0.83	6.32	6	0.21	西南	1.748 251
16	1.33	6.70	8	0.27	北	0.149 029
17	1.33	7.21	8	0.27	东北	3.473 107
18	1.33	9.50	8	0.27	东北	1.785 457
19	1.33	7.90	8	0.27	东	10.344 6
20	1.33	10.72	8	0.27	东	1.609 014
21	1.33	7.65	8	0.27	东南	0.593 95
22	1.33	12.52	8	0.27	东南	0.517 374
23	1.33	7.72	8	0.27	南	3.698 505
24	1.33	10.53	8	0.27	南	1.027 019
25	1.33	7.25	8	0.27	西南	1.577 682
26	1.83	7.42	10	0.32	东北	2.179 465
27	1.83	8.93	10	0.32	东北	5.364 409
28	1.83	11.90	10	0.32	东北	0.270 437
29	1.83	8.52	10	0.32	东	5.193 943
30	1.83	10.31	10	0.32	东	1.505 229
31	1.83	14.36	10	0.32	东	0.313 516
32	1.83	8.56	10	0.32	东南	0.250 854
33	1.83	13.97	10	0.32	东南	0.127 283
34	1.83	8.86	10	0.32	南	0.952 505
35	1.83	12.11	10	0.32	南	0.182 318
36	1.83	8.62	10	0.32	西南	0.564 474
37	2.33	8.75	11	0.38	东北	3.616 177
38	2.33	10.22	11	0.38	东北	1.481 731
39	2.33	8.75	11	0.38	东	1.315 079
40	2.33	10.28	11	0.38	东	1.540 58
41	2.33	15.19	11	0.38	东	0.378 137
42	2.33	9.34	11	0.38	东南	0.201 9
43	2.33	13.17	11	0.38	东南	0.115 533
44	2.33	9.79	11	0.38	南	0.280 227
45	2.33	9.70	11	0.38	西南	0.219 42
46	2.83	11.86	12	0.38	东北	2.010 958
47	2.83	13.98	12	0.38	东北	0.291 977

续表

编号	H_s(m)	T_p(s)	风速(m/s)	流速(m/s)	风浪流来向	概率(%)
48	2.83	9.99	12	0.38	东	0.876 135
49	2.83	11.66	12	0.38	东	0.350 825
50	2.83	16.44	12	0.38	东	0.327 224
51	3.33	10.12	13	0.41	东北	0.734 939
52	3.33	11.53	13	0.41	东北	0.533 304
53	3.33	11.17	13	0.41	东	0.474 294
54	3.33	18.14	13	0.41	东	0.154 697
55	3.33	10.74	13	0.41	东南	0.129 446
56	3.83	11.51	14	0.44	东北	0.348 867
57	3.83	11.42	14	0.44	东	0.176 34
58	3.83	19.87	14	0.44	东	0.133 26
59	3.83	11.92	14	0.44	东南	0.113 678
60	4.33	20.76	15	0.48	东	0.129 343

5.2.2 未考虑腐蚀的系泊缆时变可靠性

5.2.2.1 系泊链时变可靠性

利用表 5-4 中的环境数据对 FPSO 的动力响应进行模拟,每个海况模拟时长为 3 h,得到了 12 根系泊链的 60 组张力数据,利用该数据对系泊链的时变可靠性进行计算,计算时长为 30 年,计算结果如图 5-5 所示。

由图 5-5,除 #1 链外,其余各链在约 27 年间可靠性概率均接近于 1,变化极小,而 #1 链的可靠性概率于 26.53 年时开始迅速下降。可靠性指标上, #1 链于 16.74 年开始迅速下降,其余各链随后也开始下降。由于可靠性指标对可靠性概率具有“放大”效应,其更能清晰地表现出系泊链的可靠性变化。可知,在系泊链服役前期,其可靠性指标几乎不发生变化,安全性可以保证,随着疲劳损伤的持续加深,其可靠性于某个时间点开始急剧下降。由于同组系泊链的安装位置较为接近,其受力状态相似,故疲劳损伤相似,反应在可靠性指标上,会发现同组系泊链的可靠性指标较为接近。其中,布置在船体艉部后端的 #7、#8 和 #9 系泊链的可靠性最高,而布置于船体艏部前方的 #1 链和布置于船体侧方的 #12 链可靠性下降最快。

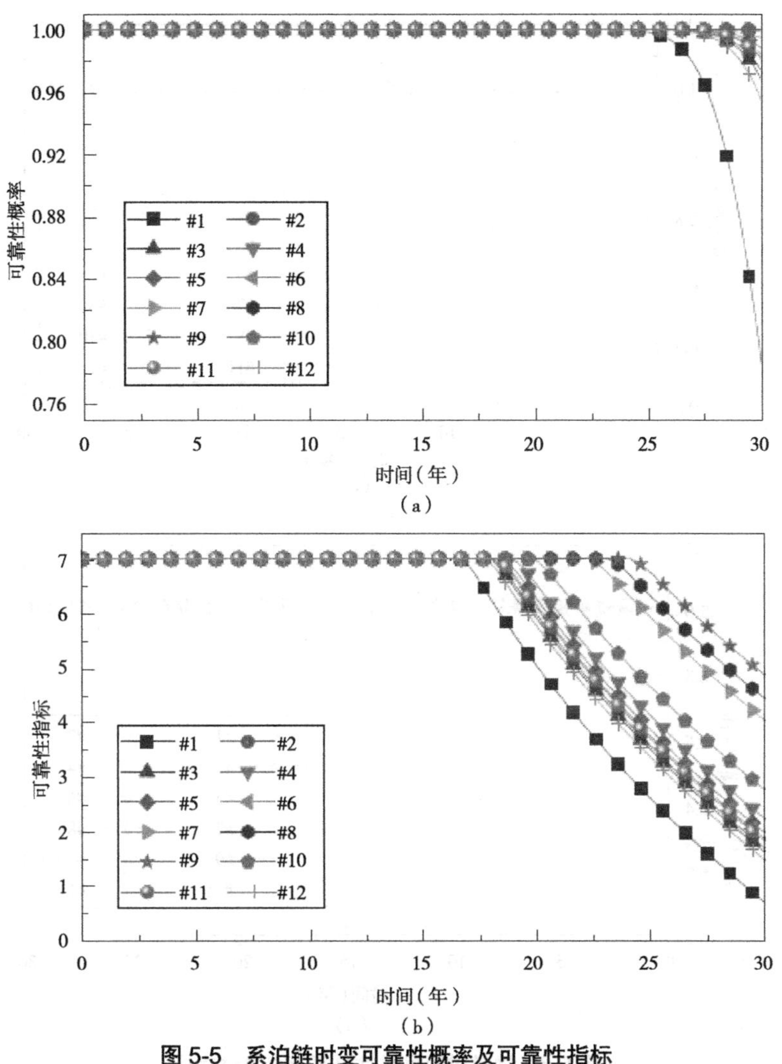

图 5-5　系泊链时变可靠性概率及可靠性指标

(a)可靠性概率　(b)可靠性指标

5.2.2.2　钢缆时变可靠性

将数值模拟得到的钢缆张力数据进行提取,利用该数据对钢缆的时变可靠性进行计算,计算时长为 30 年,具体结果如图 5-6 所示。

通过图 5-6 可以发现,在服役期限 30 年内,钢缆的可靠性并没有明显下降,无论是以 2.7 还是 4.75 的可靠性标准确定各钢缆的可靠性年限,其均大于 30 年,说明了钢缆的抗疲劳能力较强。同时,由于系泊缆由系泊链和钢缆串联而成,其可靠性取决于系泊链和钢缆中可靠性较低的一方,很明显系泊链的疲劳可靠性低于钢缆,因此在后文中,在考虑腐蚀因素下,只对系泊链的可靠性进行计算,不再针对钢缆进行计算和分析。

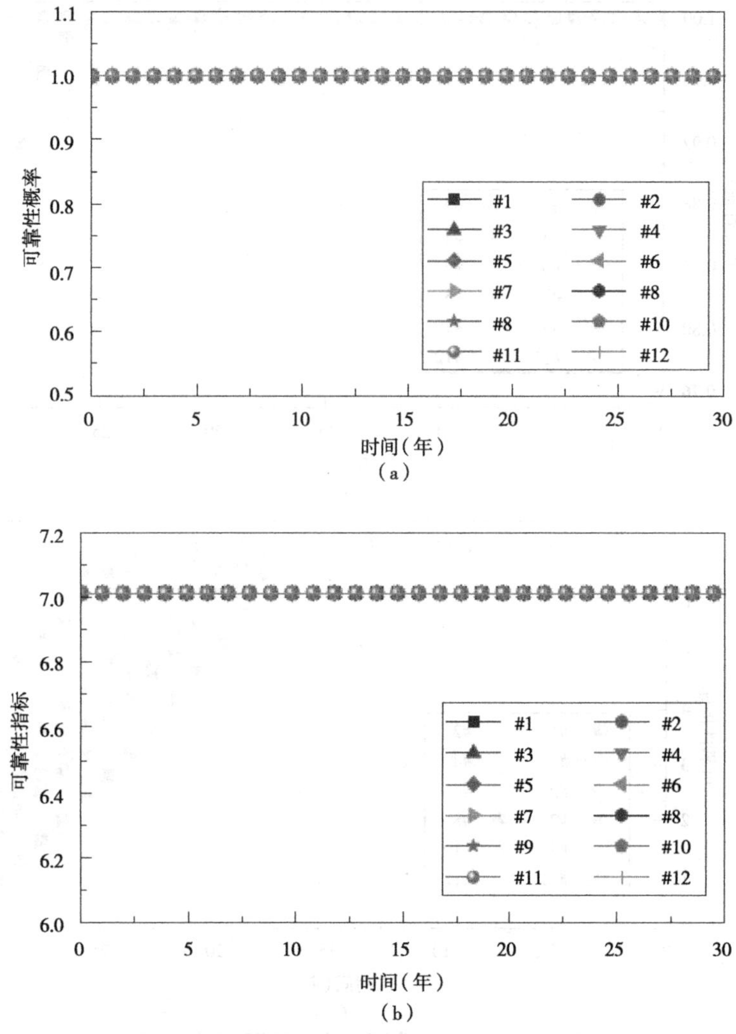

图 5-6 钢缆时变可靠性概率及可靠性指标

(a)可靠性概率 (b)可靠性指标

5.2.3 考虑腐蚀的系泊缆时变可靠性

由于系泊链在深海中服役,除复杂剧烈的海洋环境外,还遭受到海水极强的腐蚀。根据API 规范的建议,系泊链直径的腐蚀量最低为 0.1 mm/年,最高为 0.4 mm/年。系泊链直径的降低,将会导致其强度下降,同时,也将影响疲劳寿命的计算。鉴于系泊缆分 4 组布置,组间系泊缆的受力相似,考虑到上文的可靠性结果,每组选取一根可靠性下降最快的系泊链,分别为 #1、#6、#7 和 #12 链。腐蚀量 C 设定为 0.1 mm/年、0.2 mm/年、0.3 mm/年和 0.4 mm/年,计算分析腐蚀速率对系泊链可靠性的影响。鉴于上文中可靠性指标能更好地反映系泊链的可靠性变化,因此下文只给出了各系泊链的可靠性指标随服役年限的变化曲线,结果如图 5-7 所示。

由图 5-7 可以发现,在系泊链服役前期,腐蚀对系泊链强度的影响较弱,此时腐蚀并不会显著影响系泊链的可靠性。随着服役时间的增长,系泊链直径累计腐蚀量增多,腐蚀对系泊链的可靠性影响越来越大。随着系泊链强度的明显下降,导致各系泊链的可靠性指标剧烈下降的时间点提前,腐蚀速度越快,该时间点提前越多。在系泊链可靠性指标迅速下降段,系泊链可靠性对年腐蚀量的敏感性较强。其中,年腐蚀量越大,可靠性指标下降越快,其越接近于直线,随着可靠性的降低,不同腐蚀量下的系泊链可靠性差距也越大。

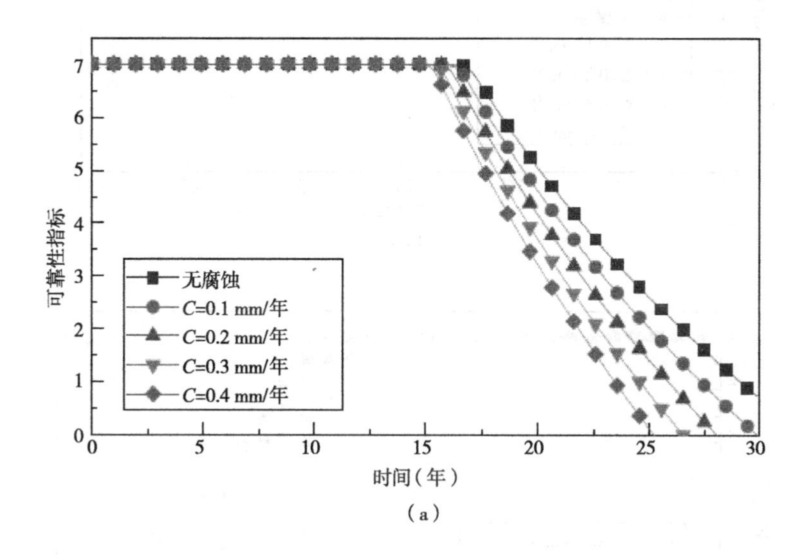

(a)

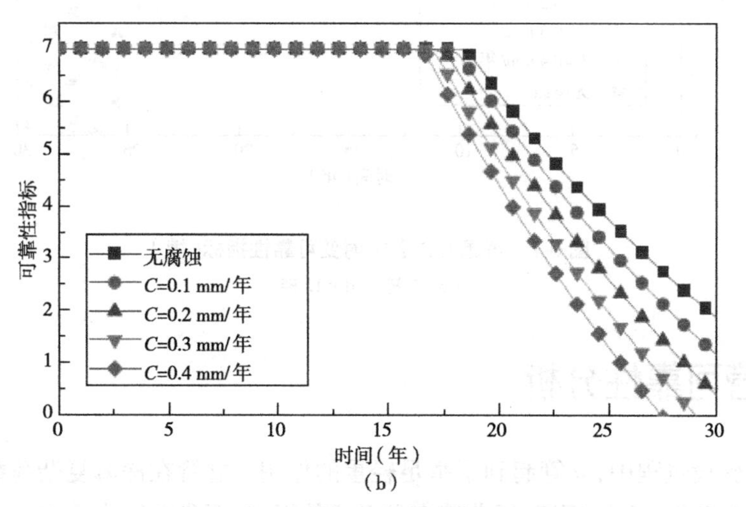

(b)

图5-7　考虑腐蚀各链时变可靠性指标

(a)#1链　(b)#6链

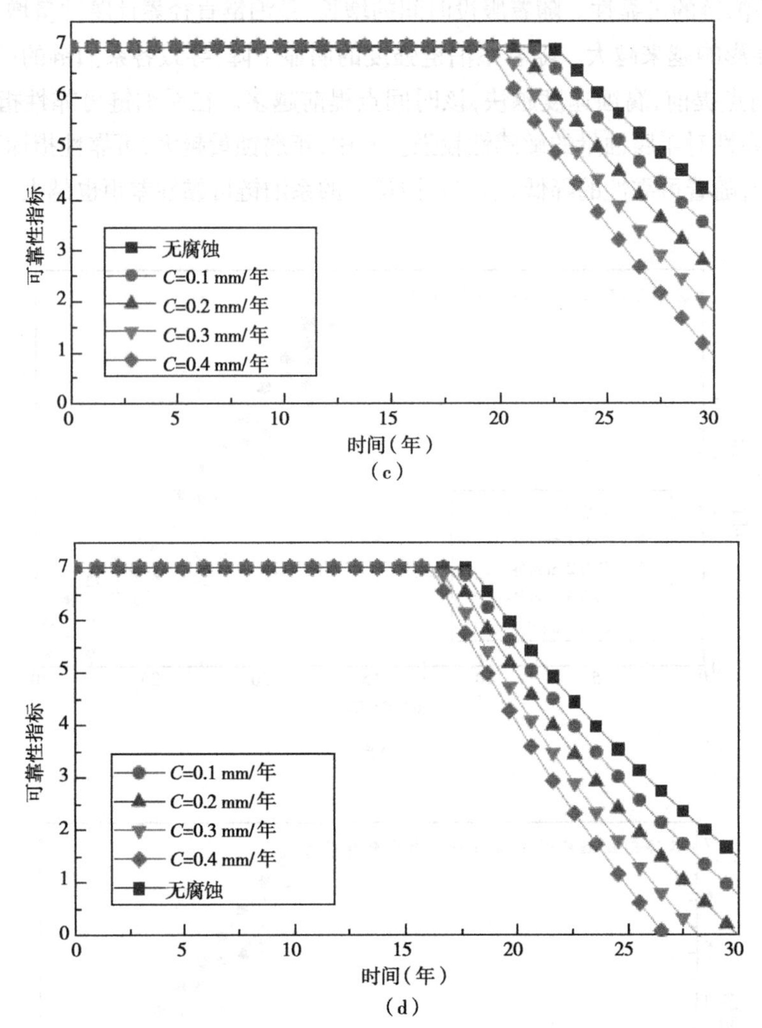

图 5-7 考虑腐蚀各链时变可靠性指标(续)

(c)#7 链 (d)#12 链

5.3 立管可靠性分析

FPSO 在服役过程中,立管起到了举足轻重的作用。立管在深海复杂荷载的长期往复作用下,会产生疲劳、腐蚀、压溃、屈曲等多种形式的损伤,而我国目前近 80% 的服役管道的服役年数已 20 年有余,疲劳损伤以及腐蚀破坏等现象十分严重。因此在多种失效模式的相关作用下对立管进行可靠性分析的综合评估显得十分重要。

5.3.1 可靠性分析基本原理及参数

5.3.1.1 立管构型及参数

采用的缓波形柔性立管构型及管道分布如图 5-8 所示,相关参数见表 5-5 和表 5-6。

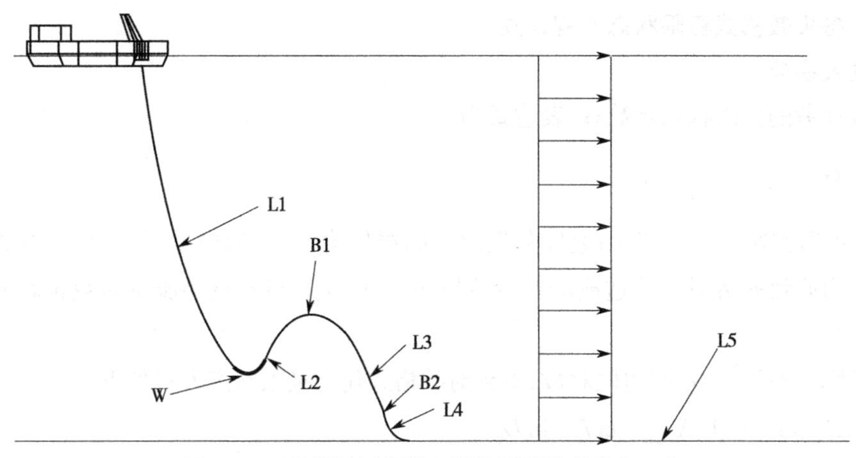

图 5-8　深海缓波形柔性立管构型及管道分布示意

表 5-5　立管各段长度

位置代号	管道段名称	长度(m)
L1	第一段裸管	348
W	压载段	32
L2	第二段裸管	13
B1	第一段浮子段	150
L3	第三段裸管	45
B2	第二段浮子段	15
L4	第四段裸管	6
L5	触地段	407
总长度		1 016

表 5-6　立管各段参数

立管特征	符号	单位	参数值
抗弯刚度	EI	kN·m^2	51.53
裸管外径	D_b	m	0.317 93
立管内径	d	m	0.234 9
海水密度	ρ_w	kg/m^3	1 025
裸管单位质量	m_r	kg/m	121.25
压载段外径	D_w	m	0.317 93
压载段单位质量	m_w	kg/m	343.22
第一段浮子段外径	D_B	m	0.642 2
第二段浮子段外径	D_B	m	0.971 6
浮子段单位质量	m_B	kg/m	121.25

5.3.1.2 各失效模式极限状态方程建立

1. 波致疲劳

波致疲劳的极限状态函数 G_w 表达式为

$$G_w = \frac{\Delta}{X_{mod} T_s D_w} \tag{5-1}$$

其中，Δ 为迈因纳（Miner）准则里疲劳失效时的损伤值；X_{mod} 为模型不确定系数；T_s 为设计寿命；D_w 为波致疲劳对立管造成的年疲劳损伤。Δ、X_{mod} 可被视为服从对数正态分布的随机变量。

将极限状态函数 G_w 两边取对数，得到对数格式化的极限状态方程如下：

$$Z_w = \ln \Delta - \ln X_{mod} - \ln T_s - \ln D_w \tag{5-2}$$

其中，当 $Z_w < 0$ 时认为系统发生了失效。为方便利用一次二阶矩法以求得可靠性指标 β_w，根据疲劳强度-疲劳寿命（S-N）曲线将年疲劳损伤 D_w 表示为

$$D_w = \frac{1}{T} = \frac{B^m \Omega}{\Delta A} \tag{5-3}$$

其中，T 为用 S-N 曲线计算得到的疲劳寿命；A、m 分别为 S-N 曲线中的经验参数；Ω 为应力参数；B 为用于模拟在计算过程中出现的不确定因素的随机参数。

2. 涡激-参激耦合疲劳

涡激-参激耦合疲劳的极限状态函数 Z_v 的推导和形式皆与 Z_w 相近，可表示为

$$Z_v = \ln \Delta - \ln X_{mod} - \ln T_s - \ln D_v \tag{5-4}$$

其中，D_v 为涡激-参激耦合疲劳对立管造成的年疲劳损伤。

3. 腐蚀损伤可靠性

腐蚀的极限状态函数 Z_c 表示为

$$Z_c = p - p_0 \tag{5-5}$$

其中，p 为立管服役时的内压，MPa；p_0 为立管发生腐蚀失效时的内压，为一定值，MPa。DNV-RP-F101 中给出简化的立管发生腐蚀失效时的内压 p_0 可用下式计算：

$$p_0 = X_m \sigma_u \frac{2T}{D-T} \frac{1-\frac{d}{T}}{1-\frac{d}{QT}} \tag{5-6}$$

其中，X_m 为服从正态分布的模型准确度系数；σ_u 为立管抗拉伸强度，MPa；T 为立管壁厚，mm；D 为立管外径，mm；d 为立管缺陷的腐蚀深度，mm；Q 为无量纲系数，$Q = \sqrt{1 + 0.31 l^2 / (DT)}$，$l$ 为立管缺陷的腐蚀长度（mm）。对于腐蚀长度 l 与腐蚀深度 d，近似认为腐蚀速率服从线性增长，则可找下式计算：

$$l = l_0 + v_l t \tag{5-7}$$

$$d = d_0 + v_d t \tag{5-8}$$

其中，l_0、d_0 分别为裂纹初始的长度与深度；v_l、v_d 分别为裂纹沿轴向与径向的扩展速率，

mm/年；t为时间长度，年。

5.3.1.3　蒙特卡洛(Monte Carlo)方法进行可靠性评估原理

Monte Carlo 方法是一种以概率和统计理论方法为基础的随机模拟方法，是将所求解的问题同一定的概率模型相联系，利用随机数实现统计模拟或抽样以获得问题的近似解的方法。其流程为，首先在当前时间步下根据变量$X_i(i=1.2.3,\cdots,M)$的分布形式产生N组对应的随机数，然后将其带入该失效模式的极限状态函数Z中，统计出N个Z值中小于 0 的出现频率。由大数定律得知，当N很大时，此时Z值小于 0 的频率就已经接近立管在此时间步下的，由该失效模式导致的失效概率。之后重复上述流程再进行下一时间步的计算。由于立管是否失效与各失效模式之间为串联关系，因此在多失效模式相关下的立管安全概率通过“与”门逻辑关系连接，进而得到立管随时间变化的失效概率。

5.3.2　响应面方程

经过分析，张力位置最大处(9 m)为波致疲劳危险点，涡激-参激耦合疲劳危险点位置节点选为 566 m 的节点位置。在此章节中，选取 DNV-RP-C203 建议的 S-N 曲线参数，S-N 中的经验参数$m=4.7,\lg a=17.446$。

1. 参数及其分布情况的确定

首先筛选出各分析参数，并认为其相互独立。这些参数包括内径、外径、壁厚、每米重量、轴向刚度、弯曲刚度、波高、流速、应力集中因子(Stress Concentration Factor，SCF)、附加质量以及拖曳力系数。荷载数据来源于天津大学和中国海洋石油总公司能源发展股份有限公司联合开发的海上集成监测系统，若仍有缺乏数据则以 DNV-RP-F204 的推荐值为准。参数取值均值为μ_{x_i}，变异系数为$C\cdot V_{x_i}$，设置其取值范围为$[(1-2C\cdot V_{x_i})\mu_{x_i},(1+2C\cdot V_{x_i})\mu_{x_i}]$。由上述标准得到参数及其分布情况见表 5-7。

表 5-7　影响波致疲劳的参数及其分布情况

因素	分布情况	均值	变异系数	取值范围
内径	正态	0.235 m	0.1	[0.188，0.282]
外径	正态	0.318 m	0.05	[0.286 2，0.349 8]
壁厚	正态	0.041 5 m	0.1	[0.033 2，0.049 8]
每米重量	正态	0.121 t/m	0.1	[0.096 8，0.145 2]
轴向刚度	正态	308 535 N	0.08	[259 169.4，357 900.6]
弯曲刚度	正态	51.53 kN·m^2	0.08	[43.285 2，59.774 8]
波高	正态	2 m	0.3	[0.8，3.2]
流速	正态	0.5 m/s	0.3	[0.2，0.8]
SCF	对数正态	1	0.1	[0.8，1.2]
附加质量	对数正态	1	0.1	[0.8，1.2]
拖曳力系数	对数正态	1.6	0.2	[0.96，2.24]

2. 建立疲劳损伤响应面方程

对各参数在取值范围内分别单独取值，计算立管在不同参数取值下的疲劳损伤，其中各参数取值为$(1-2C\cdot V_{x_i})\mu_{x_i}$，$(1-C\cdot V_{x_i})\mu_{x_i}$， μ_{x_i}，$(1+C\cdot V_{x_i})\mu_{x_i}$ $(1+2C\cdot V_{x_i})\mu_{x_i}$。

响应面方程表达式见表 5-8 和表 5-9。

表 5-8 波致疲劳损伤响应面方程表达式

因素	9 m 处的响应面方程
内径	$y=3.436\times10^{-7}x-6.981\times10^{-8}$
外径	$y=2.217\times10^{-5}x^2-1.547\times10^{-5}x+2.689\times10^{-6}$
每米重量	$y=2.08\times10^{-7}x-1.791\times10^{-9}$
轴向刚度	$y=-2.156\times10^{-19}x^2+1.342\times10^{-13}x-1.392\times10^{-8}$
弯曲刚度	$y=5.871\times10^{-11}x+4.141\times10^{-9}$
波高	$y=8.908\,4\times10^{-9}x-1.129\,3\times10^{-8}$
流速	$y=5.674\times10^{-9}x+4.336\,6\times10^{-9}$
SCF	$y=2.159\times10^{-9}x-1.42\times10^{-8}$
附加质量	$y=-1.485\times10^{-8}x^2+3.058\times10^{-8}x-8.682\times10^{-9}$
拖曳力系数	$y=9.685\times10^{-10}x+8.49\times10^{-9}$

表 5-9 涡激-参激耦合疲劳损伤响应面方程表达式

因素	566 m 处的响应面方程
外径	$y=2.121\times10^{-9}x-5.602\times10^{-10}$
每米重量	$y=1.179\times10^{-7}x^2-2.476\times10^{-8}x+1.425\times10^{-9}$
弯曲刚度	$y=2.878\times10^{-15}x-4.14\times10^{-11}$
流速	$y=2.889\times10^{-9}x^2-1.643\times10^{-9}x+2.179\times10^{-10}$
附加质量	$y=1.896\times10^{-7}x^4-7.705\times10^{-7}x^3+1.164\times10^{-6}x^2-7.748\times10^{-7}x+1.915\times10^{-7}$
拖曳力系数	$y=-3.224\times10^{-10}x+5.06119\times10^{-10}$

5.3.3 算例分析

取南海某服役管道的工况内压为 8 MPa，其余与 3 种失效模式相关的随机变量见表 5-10。初始腐蚀长度设置为 400 mm，初始腐蚀深度设置为 3.8 mm。

表 5-10 可靠性分析变量及其分布情况

因素	分布情况	均值	变异系数
内径	正态	0.235 m	0.1
外径	正态	0.318 m	0.05
每米重量	正态	0.121 t/m	0.1

续表

因素	分布情况	均值	变异系数
轴向刚度	正态	308 535 N/mm	0.08
弯曲刚度	正态	51.53 N/mm	0.08
屈服强度	对数正态	552 MPa	0.08
波高	正态	2 m	0.3
流速	正态	0.5 m/s	0.3
SCF	对数正态	1	0.1
附加质量	对数正态	1	0.1
拖曳力系数	对数正态	1.6	0.2
工作内压	正态	8 MPa	0.1
腐蚀长度	正态	400 mm	0.1
腐蚀深度	正态	3.8 mm	0.1
长度腐蚀速率	正态	0.25 mm/年	0.2
深度腐蚀速率	正态	0.2 mm/年	0.15
X_m	正态	1.05	0.1
X_{mod}	对数正态	1	0.1
Δ	对数正态	1	0.1

设置初始时刻为 0，步长为 1 年，计算年限为 100 年，每个变量各自产生 1×10^5 个随机数，其中，对波致疲劳、涡激-参激耦合疲劳两种相关模式的作用称作结构损伤模式，腐蚀损伤称作强度损伤模式。缓波形柔性立管基于多失效模式相关下的失效概率随服役年限变化如图 5-9 所示，部分结果统计见表 5-11。

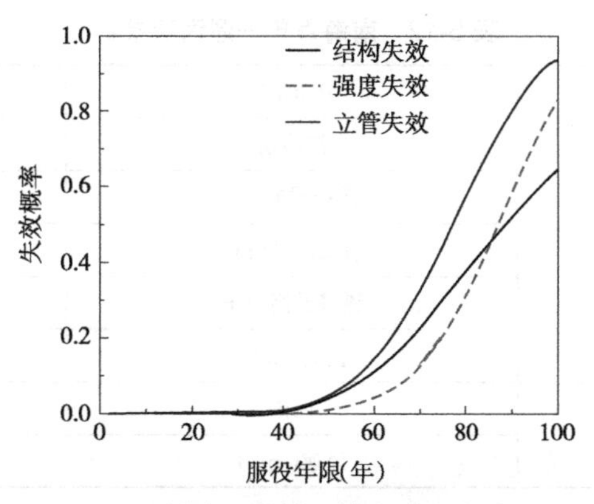

图 5-9　缓波形柔性立管失效概率结果

表 5-11 缓波形柔性立管部分失效概率结果

服役年限(年)	1	10	12	24	30	86
结构失效概率	0	0	0	2×10^{-5}	3.7×10^{-4}	0.458 95
强度失效概率	0	0	10^{-5}	8×10^{-5}	2.7×10^{-4}	0.467 65
总体失效概率	0	0	10^{-5}	10^{-4}	6.4×10^{-4}	0.711 7

在工程实际中,一般认为当立管失效概率超过 10^{-5} 则需定期检测维修,当失效概率超过 10^{-4} 时认为立管不再可靠,需要进行更换。因此可以看出,该缓波形柔性立管模型需要在服役第 12 年时开始检测维修,在服役第 24 年时需要进行更换。除此之外还可以从结果中看出,相较于疲劳导致的结构失效,腐蚀造成的强度失效出现更早,但增长得较为缓慢。但是由于立管在服役 24 年时进行更换,在这 24 年的工作时间内,腐蚀造成的强度失效的影响始终强于疲劳引起的结构失效。因此在这种设置的环境荷载与初始条件下,腐蚀造成的强度失效模式应为最为关注的失效模式。

5.4 浮式生产储油装置平台局部系泊失效响应研究

5.4.1 单根缆失效后 FPSO 动力响应分析

经过自由衰减周期分析,得到结论垂荡、横摇以及纵摇这 3 个自由度上的 FPSO 自由衰减周期跟系泊系统关系较小。因而不再重点针对垂荡、横摇以及纵摇 3 个自由度上的 FPSO 响应进行分析。本节计算所选取的环境数据为南海百年一遇海况,风浪流的具体参数见表 5-12。

表 5-12 南海百年一遇海况参数

	分布情况	均值
波浪	波浪谱	JONSWAP
	谱峰周期(s)	15
	有义波高(m)	23
	谱峰升高因子	2.6
流	流速(m/s)	2
风	风谱	NPD
	风速(m/s)	40

采用前文南海百年一遇海况的环境参数,环境方向为 180°,探究单根缆失效后, FPSO 的动力响应,计算时长为 8 000 s,时间步长为 0.1 s,设置单根缆于 2 976.6 s(FPSO 水平偏移达到极大值)失效。为探究不同系泊缆失效后的 FPSO 动力响应差异,分别设置 #1 缆、#2 缆、#11 缆和 #12 缆(均可能在服役期内发生失效)失效,得到的 FPSO 运动和系泊缆张力结

果如图 5-10 和图 5-11 所示。

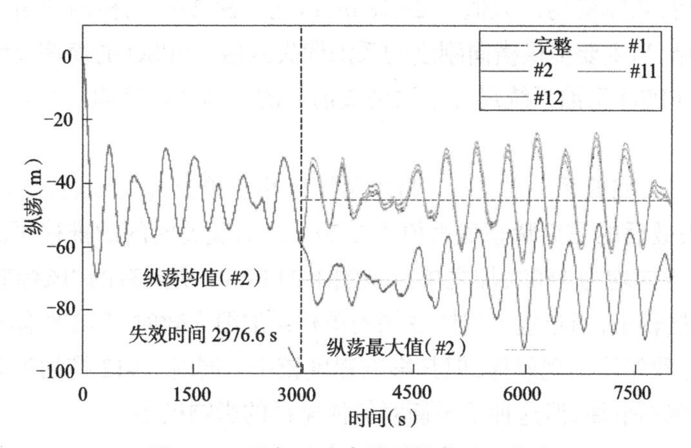

图 5-10　局部系泊失效后纵荡时历曲线

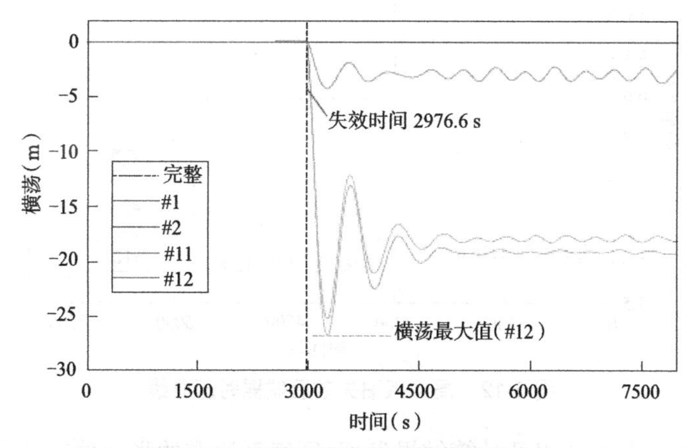

图 5-11　局部系泊失效后横荡时历曲线

由图 5-10 可得，单根缆失效后，FPSO 的纵荡响应会发生较大变化，且不同缆失效后，FPSO 的纵荡响应具有明显差异。其中，当系泊系统完整时，FPSO 的纵荡最大值为 64.08 m，平均值为 44.91 m。当 #2 缆失效后，纵荡最大值为 91.91 m，占比水深 10.10%，增大了 43.43%；纵荡均值为 70.42 m，占比水深 7.74%，增大了 56.80%。原因在于 #2 缆主要提供纵向刚度，其失效后，系泊系统的纵向刚度遭到折减，故而 FPSO 的纵荡响应激增。

#12 缆失效后，纵荡最大值为 65.14 m，占比水深 7.16%，增大了 1.65%；纵荡均值为 44.40 m，占比水深 4.88%，减小了 1.14%，可以发现 #12 缆失效后，FPSO 的纵荡响应并无大的变化，原因在于其布置于船体侧方，主要提供横向刚度，其失效对纵荡响应的影响极小。#1 缆与 #2 缆失效后的纵荡响应相似，#11 缆和 #12 缆失效后的纵荡响应也类似，是因为 #1 缆和 #2 缆，#11 缆和 #12 缆均为同组系泊缆，布置位置接近，其系泊刚度也接近。

由图 5-11 可知，不同缆失效后，FPSO 的横荡响应差别极大。由于环境方向为 180°，故而完整系泊系统下的 FPSO 的横荡极小，接近于 0。由于 #1 和 #2 缆布置于船体前方，其失效后，船体横荡较小。其中 #1 缆失效后的 FPSO 横荡最大值为 4.26 m，占比水深 0.46%，与完整系泊系统下的横荡响应差别较小。

#12 缆失效后，船体横荡最大值为 26.78 m，占比水深 2.94%，横荡均值为 18.96 m，占比水深 2.08%。可见，当主要提供横向刚度的系泊缆失效后，FPSO 的横荡会增大。由图 5-10 和图 5-11 可见，FPSO 系泊系统局部系泊失效前后的纵荡和横荡响应差异与失效缆布置位置相关性较强。

由图 5-12 可知，完整系泊状态下，船体艏摇极小。单根缆失效后，船体艏摇会出现振荡，其中 #12 缆失效后的艏摇瞬态最大值为 2.20°，之后随着时间的推移振荡慢慢减小。原因在于风浪流的方向均为 180°，加之单点系泊下的 FPSO 所具有的“风标效应”，导致正常状态下的船体艏摇较小，当布置于船体舷侧的单根系泊缆失效时，其在船体横向上会有一个激励，在瞬态上导致船体出现艏摇，但其影响程度较小。同时，#12 缆的失效会导致系泊系统的横向刚度出现不平衡，但这种不平衡对船体艏摇的影响极小。

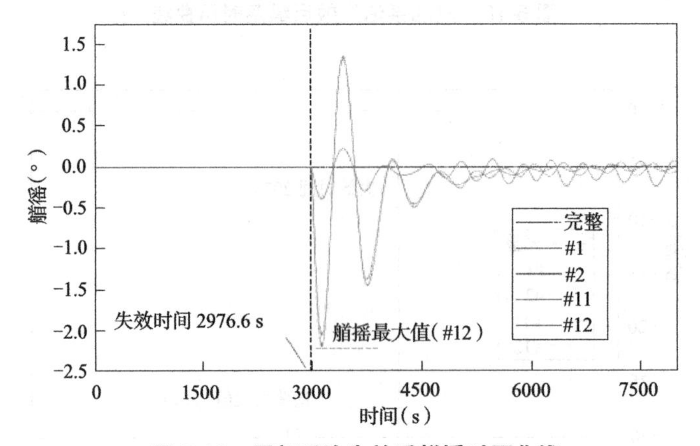

图 5-12 局部系泊失效后艏摇时历曲线

根据系泊缆的布置方式以及计算结果发现，同组系泊缆的张力数据较为接近，故而每组系泊缆选取一根，分别为 #3 缆、#5 缆、#7 缆和 #10 缆，下文针对这 4 根缆的张力平均值和最大值进行对比分析，参考规范 API-2SK 可知，在动力法计算条件下，系泊系统完整时，系泊缆破断张力的安全系数取 1.67，系泊系统出现破损时，系泊缆破断张力的安全系数取 1.25。具体结果如图 5-13 所示。

图 5-14 可得各缆的张力均值和最大值变化趋势类似，且布置于船艏前方的 #3 缆张力均值和最大值均明显大于其余各缆。原因在于环境方向为 180°，船体纵荡明显，其主要由 #3 缆所在的该组缆提供系泊张力，故而 #3 缆张力较大。在 #2 缆失效情况下，#3 缆的平均张力值为 2 273.52 kN，比系泊系统完整状态下的平均张力值提高了 25.62%；#3 缆的最大张力值为 2 909.08 kN，比系泊系统完整状态下的平均张力值提高了 24.19%，此时最大张力的安全系数为 2.21，满足规范要求。此外，当 #11 或 #12 缆失效后，#10 缆的张力有所上升，但总体较小，#5 缆和 #7 缆的张力值也维持在较低的范围内，并满足规范中对于其安全系数的要求。

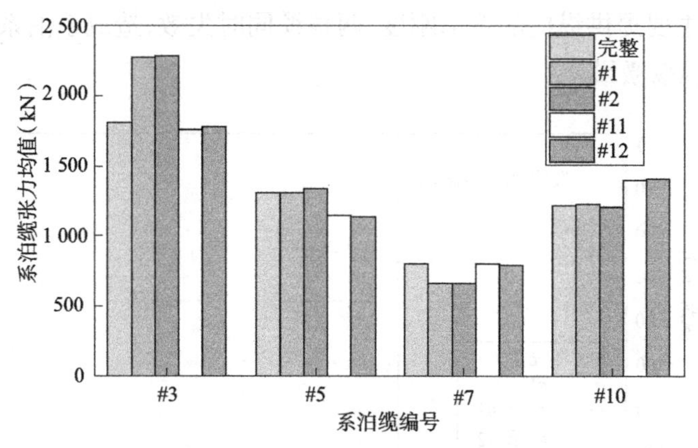

图 5-13　系泊缆张力均值

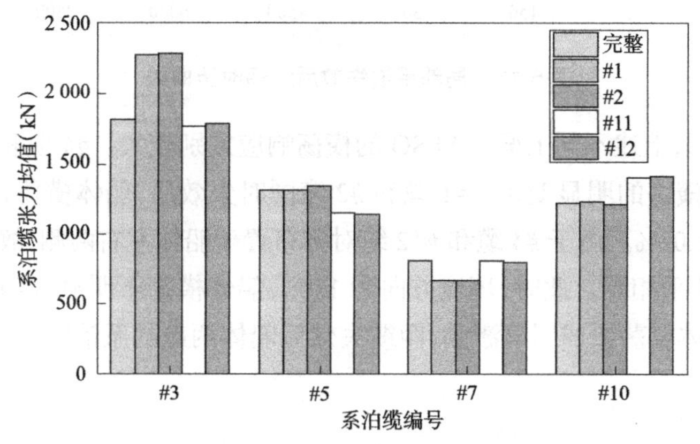

图 5-14　系泊缆张力最大值

5.4.2　两根缆失效后 FPSO 动力响应分析

5.4.2.1　不同缆失效后 FPSO 的动力响应分析

为探究两根缆失效下，FPSO 的动力响应,本节中设置了 3 种不同的失效工况,即 #1 缆和 #2 缆同时失效、#1 缆和 #12 缆同时失效,#4 缆和 #12 缆同时失效。本节依旧采用前文南海百年一遇海况的环境参数,环境方向为 180°,计算时长为 8 000 s,时间步长为 0.1 s,设置两根缆于 2 976.6 s(FPSO 水平偏移达到极大值)同时失效,经过计算分析得到的 FPSO 运动和系泊缆张力结果如图 5-15 所示。

由图 5-15 可知,上述不同工况下 FPSO 的纵荡响应具有明显差异。其中，#4 缆和 #12 缆同时失效后的船体纵荡与完整状态下的纵荡较为接近,其最大值为 65.81 m,占比水深 7.23%,比完整状态下的纵荡最大值大 2.7%。#1 缆和 #12 缆同时失效后的船体纵荡与 #1 缆失效后的船体纵荡差异很小,其最大值为 93.24 m,占比水深 10.25%,比 #1 缆失效后的船体纵荡最大值大 1.56%。原因在于布置于船体侧方的 #4 缆和 #12 缆在该环境方向下所提供的纵向系泊刚度较小,其失效不会引起船体纵荡的剧烈变化。#1 缆和 #2 缆同时失效后,船体纵荡激增,其瞬态最大值达到 140.49 m,占比水深 15.44%,纵荡平均值为 111.48 m,占比水深 12.25%,已不满足规范要求。该工况下的船体纵荡骤增的原因在于 #1 缆和 #2 缆均布置于船艏前方，主要提供纵向的系泊刚度，两根缆同时失效，造成系泊系统纵向刚度的急剧缩减，故而船体纵荡激增。

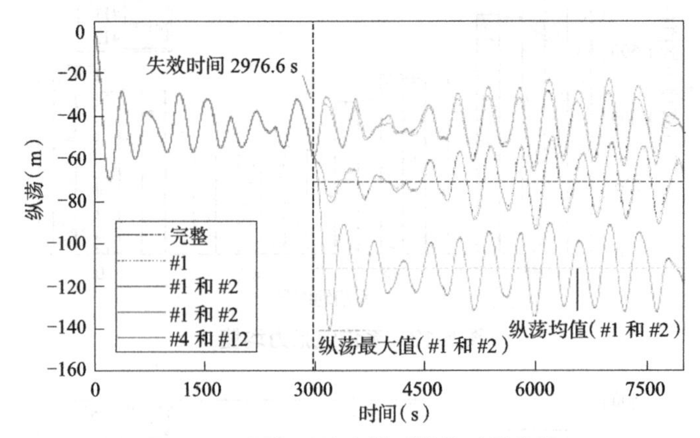

图 5-15 局部系泊失效后纵荡时历曲线

由图 5-16 可知，上述不同工况下 FPSO 的横荡响应差别较大。#4 缆和 #12 缆同时失效后，没有引起船体横荡的明显变化，#1 缆和 #2 缆同时失效后，船体横荡较小，其最大值为 9.29 m，占比水深 1.02%。由于 #4 缆和 #12 缆对称布置于船体左右两侧，故两者在横向上所提供的系泊刚度几乎相等。此时，环境方向为 180°，船体横荡不明显，若 #4 缆和 #12 缆同时失效，不会对船体横荡造成明显激励，两缆失效后船体两舷的系泊刚度也保持平衡，故而船体横荡不明显。

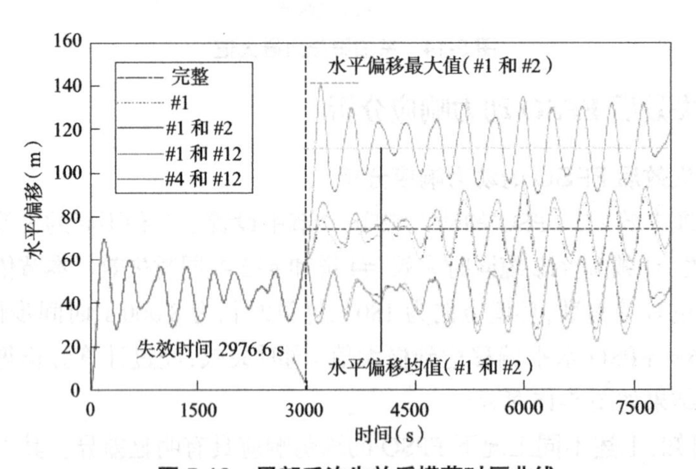

图 5-16 局部系泊失效后横荡时历曲线

#1 缆和 #2 缆同时失效后，船体横荡较小的原因是 #1 缆和 #2 缆所提供的横向系泊刚度较小，其失效对船体横荡的影响较小。#1 缆和 #12 缆同时失效后，船体横荡响应变化明显，其瞬态最大值为 33.71 m，占比水深 3.7%，平均值为 23.54 m，占比水深 2.59%。因为 #12 缆主要提供横向的系泊刚度，其失效引起船体横向系泊刚度的不平衡，继而导致了船体出现明显的横荡，同时，#1 缆也提供部分横向系泊刚度，其失效也加剧了这种变化。

由图 5-17 可知，两根缆失效后船体会出现轻微艏摇，且不同失效组合下的船体艏摇存在差别,其中，#1 缆和 #12 缆同时失效后的艏摇瞬态最大值为 2.98°,之后会随时间衰减至较小范围内。#1 缆和 #2 缆同时失效所造成的艏摇则更小。原因是环境方向单一且稳定时,单点系泊下的 FPSO 具有较小的艏摇响应,此时,具有横向系泊刚度的系泊缆失效会施加给船体一个横向的力,导致船体出现艏摇。同时，#4 缆和 #12 缆同时失效所造成的艏摇极小,可以忽略,原因在于 #4 缆和 #12 缆的布置位置对称,其失效所形成的激励力在横向上相互抵消,故而不引起船体出现艏摇。

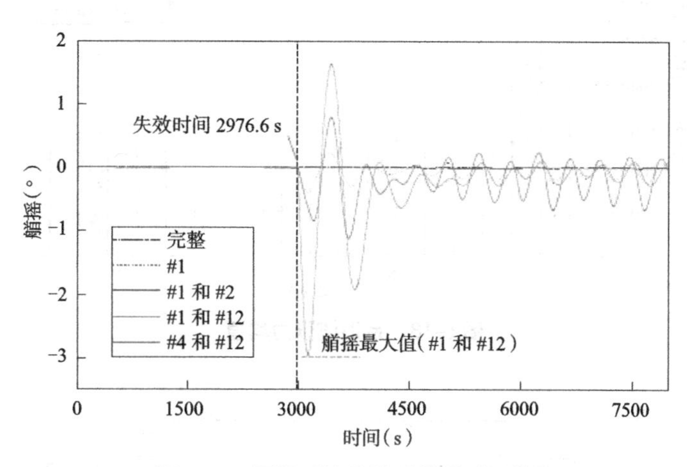

图 5-17　局部系泊失效后艏摇时历曲线

图 5-18 和图 5-19,分别对不同失效组合下的系泊缆张力均值及最大值进行了统计,可以发现,各缆的张力均值和最大值变化趋势类似,且 #3 缆的张力值最大,尤其是在 #1 缆和 #2 缆同时失效后，#3 缆张力平均值为 3 598.47 kN,是系泊系统完整状态下的 #3 缆平均张力值的 1.99 倍,安全系数为 1.78,其最大值达到 6 252.79 kN,是系泊系统完整状态下的 #3 缆最大张力值的 2.67 倍,安全系数为 1.03,此时,该安全系数已经不满足规范要求，#3 缆有连续失效发生的可能。原因在于 #1 缆和 #2 缆同时失效后,船体纵向系泊刚度严重缺失,纵荡激增,继而 #3 缆张力激增。同时,原本布置于船艏前方的 3 根缆共同提供船体所需要的系泊张力,此时 #1 缆和 #2 缆的同时失效会造成纵向上总体系泊力的缺失,其部分会被 #3 缆承受,故而 #3 缆张力骤增,甚至有发生连续失效的风险。由于环境方向以及其余各缆布置位置的关系,其余各缆的张力均值以及最大值均较小,安全系数较高。

5.4.2.2　两根缆同时失效和连续失效下的响应对比

本节计算了 #1 缆和 #2 缆连续失效、#1 缆和 #12 缆连续失效两种连续失效工况,并与上文对应的同时失效响应结果进行了对比。其中，#2 缆和 #12 缆于 #1 缆失效后纵荡响应的第一个峰值处失效,即于 3 192.8 s 失效,对其进行动力响应计算,得到的 FPSO 运动和系泊缆张力结果如图 5-20 所示。

由图 5-20 可知,同时失效和连续失效下的纵荡瞬态响应存在差异,而后续的稳态响应差别极小,失效模式几乎不对其产生影响。其中，#1 缆和 #12 缆同时失效和连续失效所引起的纵荡差异较小,原因在于 #12 缆失效所导致的系泊刚度缺失不会在纵荡响应上引起大的变化。#1 缆和 #2 缆同时失效和连续失效所引起的纵荡瞬态响应存在差别。连续失效下的纵荡瞬态最大值为 134.11 m，同时失效下的纵荡瞬态最大值达到 140.49 m，占比水深 15.44%，比连续失效下的纵荡最大值高 4.76%，即 #1 缆和 2# 缆同时失效将引起更为剧烈的纵荡响应。

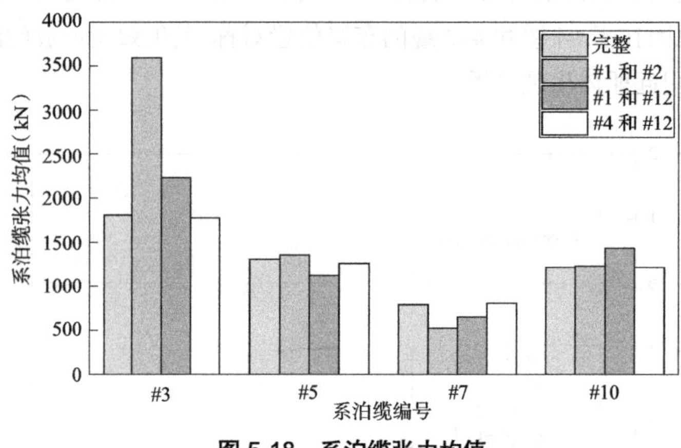

图 5-18 系泊缆张力均值

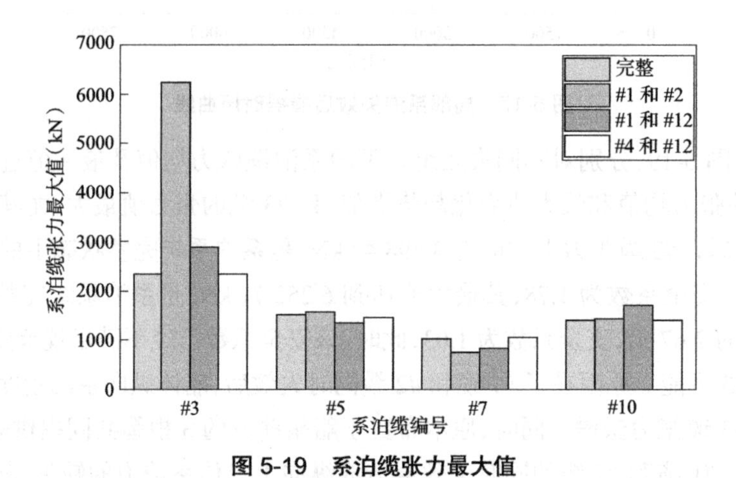

图 5-19 系泊缆张力最大值

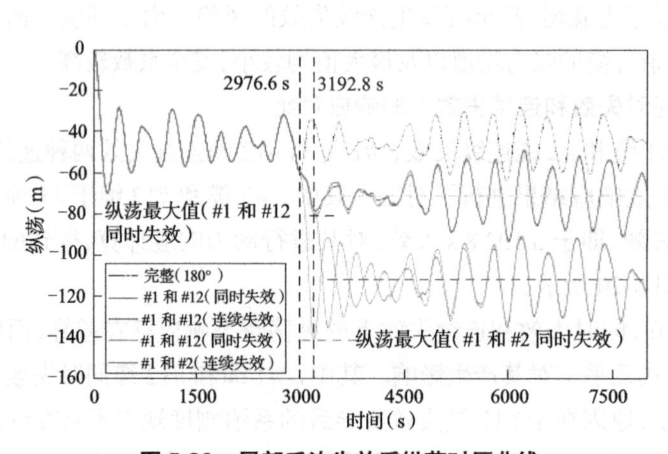

图 5-20 局部系泊失效后纵荡时历曲线

由图 5-21 可得，两种失效模式下的横荡响应趋势同纵荡类似，即同时失效和连续失效下的横荡瞬态响应存在差异，而后续的稳态响应差别极小，且同时失效引起的横荡响应更为剧烈。其中，#1 缆和 #2 缆失效后导致的船体横荡较小；#1 缆和 #12 缆同时失效后，船体横荡响应变化明显，其瞬态最大值为 33.71 m，占比水深 3.7%，比连续失效下的船体横荡最大值高 3.91%。

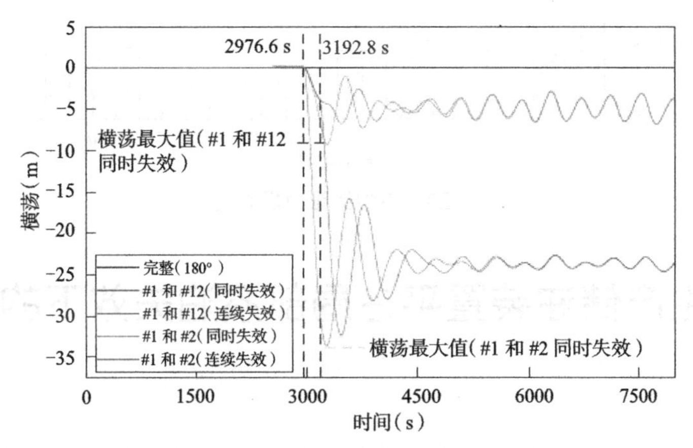

图 5-21　局部系泊失效后横荡时历曲线

图 5-22 和图 5-23 针对两种失效模式下 4 种工况的系泊缆张力均值及最大值进行了统计，可以发现，各缆的张力均值和最大值变化趋势类似，同时，#3 缆的张力值最大，且 #1 缆和 #2 缆失效下，同时失效时，#3 缆张力最大值为 6 252.79 kN，安全系数为 1.03，其大于连续失效下的 #3 缆张力最大值 5 417.33 kN，安全系数为 1.189，此时，安全系数都不满足规范要求。故只要 #1 缆和 #2 缆都失效，#3 缆均有连续失效发生的可能，继而导致更大的安全事故。

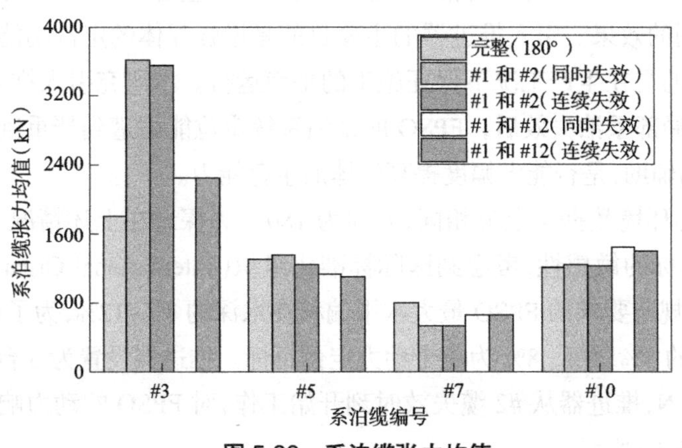

图 5-22　系泊缆张力均值

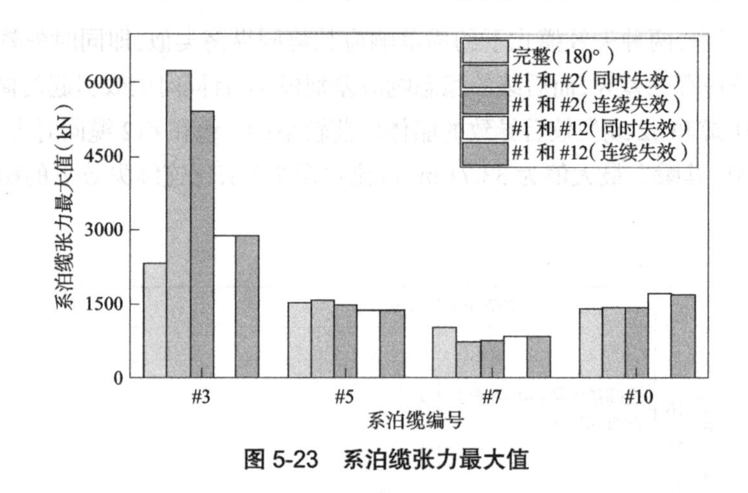

图 5-23 系泊缆张力最大值

5.5 浮式生产储油装置平台局部系泊失效下的动力控制分析

在极端海洋环境下,若发生局部的系泊失效, FPSO 的水平偏移将剧烈上升,随之剩余缆的张力也会提升,整个浮式结构系统的安全性遭被削弱。在该情况下,为了使 FPSO 提高自存能力,考虑引入动力定位(Dynamic Positioning, DP)控制系统,辅助锚泊系统加强对浮体的定位作用。其中控制系统采用经典的比例-积分-微分(Proportional Integral Differential, PID)算法,探究引入 DP 控制系统后 FPSO 的动力响应。

5.5.1 不同控制目标下的 FPSO 动力响应

利用前文的计算原理,将得到的推力直接作用于船体重心,以代替实际的推进器模型,达到动力定位控制的效果。引入推进器的主要目的是增强浮体的定位功能,故多用于海洋工程类船舶,其目的是在生产工况下保证施工的平稳运行。本研究引入推进器的目的是探讨在生存工况下,局部系泊失效后, FPSO 的系泊系统定位能力遭到严重削减,此时通过动力定位控制系统的辅助,是否能大幅度提高浮体的生存能力。

本节计算中的环境数据与上节相同,方向为 180°,为探讨在上述情况下 FPSO 的动力响应对 DP 控制目标的敏感性,考虑到国际标准化组织(International Organization for Standardization, ISO)规范要求的 FPSO 最大水平偏移在水深的 8%~12%,为了保证 FPSO 的安全运行,下设水深的 4%、6%、8% 为 3 个动力定位目标。推进器设置为 5 台,单个推进器最大推力为 4.1×10^5 N,推进器从 #2 缆失效时刻开始工作,对 FPSO 的动力响应进行分析,具体如图 5-24 和表 5-13 所示。

通过图 5-24 和表 5-13,可以发现,当 #2 缆失效后,若添加动力定位,对 FPSO 的纵荡实现控制后,其纵荡变化明显。同时,不同的控制目标下, FPSO 的纵荡响应差别较大。目标设定越高,纵荡响应越小,反之,目标设定越低,纵荡越大,但其最大值与设定目标越接近,越容易达成控制目标。目标设定为水深的 4%,即定位目标为 36.4 m 情况下,纵荡均值为 42.36 m,占比水深 4.65%,与完整系泊状态下的均值较为接近。目标设定为水深的 6%,即定位目标为 54.6 m 情况下,纵荡最大值为 66.77 m,占比水深 7.34%,与完整系泊状态下的纵荡极值很接近,故考虑到控制效果和能耗,该目标较为合理。目标设定为水深的 8%,即定位目标为 72.80 m 情况下,纵荡最大值为 77.85 m,占比水深 8.55%,在定位标准较为宽泛的情况下也可以达到标准。

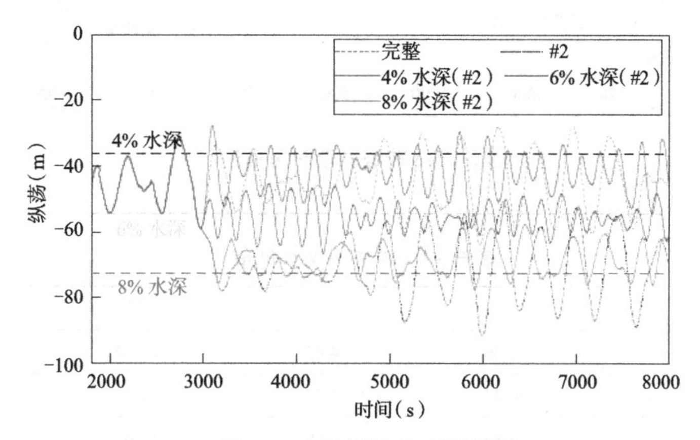

图 5-24　转塔纵荡时历曲线

表 5-13　转塔纵荡统计值

工况	均值(m)	标准差(m)	最大值(m)	最小值(m)
完整	44.91	8.44	64.08	27.77
#2 失效	70.42	9.27	91.91	50.77
4% 水深	42.36	6.17	59.11	27.84
6% 水深	55.49	4.38	66.77	45.41
8% 水深	68.43	4.71	77.85	57.62

5.5.2　不同数量系泊缆失效后 FPSO 动力定位控制下的响应

前文针对 #1 缆和 #2 缆同时失效以及连续失效下 FPSO 的动力响应进行计算后发现,若 #1 缆和 #2 缆失效,会导致 #3 缆的张力安全系数不满足要求,同时转塔水平偏移超出规范限制,因此为了探究类似工况下添加 DP 控制后的船体响应,同时为了得到推进器动力控制能力的上限,本节设置 #1 缆失效、#1 缆和 #2 缆同时失效以及 #1 缆、#2 缆和 #3 缆同时失效 3 种工况,控制目标为水深的 6%,推进器均于 2 976.6 s,即系泊缆局部失效后开始工作,对 FPSO 的纵荡响应及系泊缆张力进行计算,具体结果如图 5-25 和表 5-14 所示。

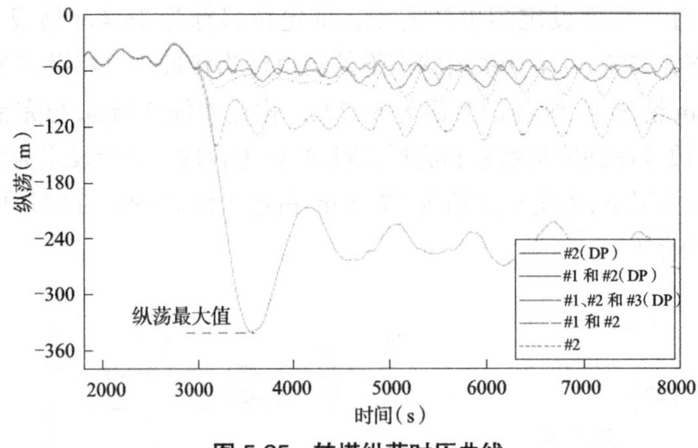

图 5-25　转塔纵荡时历曲线

表 5-14　转塔纵荡统计值

工况	均值(m)	标准差(m)	最大值(m)	最小值(m)
#2 失效(DP)	55.46	4.42	66.74	45.31
#2 失效	70.42	9.27	91.91	50.77
#1 和 #2 失效(DP)	64.84	5.99	80.68	53.77
#1 和 #2 失效	111.48	13.31	140.49	59.07
#1、#2 和 #3 失效(DP)	243.85	42.86	339.55	205.93

可以发现,当单根缆以及两根缆失效时,添加动力控制后, FPSO 的纵荡明显减小,推进器的控制能力突出。尤其是 #1 缆和 #2 缆同时失效情况下添加动力控制后,纵荡极值较没有动力控制下的纵荡小 42.57%。当布置于船艏前方的 3 根缆全部失效后,仅凭推进器提供的推力已无法对船体提供有效的定位能力,其纵荡极值占比水深 26.80%,已远远超出规范要求。

5.5.3　推进器反应速度对 FPSO 动力定位控制的影响

#2 缆失效后, FPSO 的纵荡响应骤增,因此 DP 控制系统中推进器的反应速度将对其控制效果产生重要影响,故针对推进器的反应速度设定 5 种工况,即在局部系泊失效发生后,立刻、1 min、2 min、3 min 及 4 min 后推进器开始提供推力。针对上述工况下的 FPSO 动力响应进行计算和分析,具体结果如图 5-26 和表 5-15 所示。

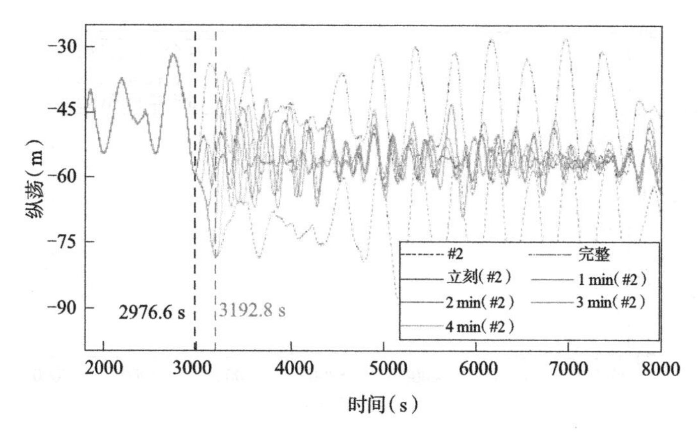

图 5-26 转塔纵荡时历曲线

表 5-15 转塔纵荡统计值

工况	均值(m)	标准差(m)	最大值(m)	最小值(m)
完整	44.89	8.48	64.08	27.77
#2	70.41	9.31	91.91	50.77
立刻(#2)	55.49	4.38	66.77	45.41
1 min(#2)	56.04	3.41	68.00	43.08
2 min(#2)	55.62	5.01	67.07	41.76
3 min(#2)	55.64	5.65	75.94	35.68
4 min(#2)	56.33	5.61	78.38	37.42

可知,当 #2 缆失效后,纵荡的第一个峰值到来前,其响应对推进器的反应速度较为敏感,而各工况下后续的稳态响应则差别较小。因此在 #2 缆失效后的瞬态阶段,推进器反应速度越快,就能越早提供推力,则控制效果越好, FPSO 的纵荡响应最大值便越小。尤其是当船体纵荡越过 #2 缆失效后的第一个极值,即时间上达到 3 192.8 s 后,此时若动力控制介入,其控制效果并不理想,因此若想达到更好的控制效果,推进器应尽可能早地发挥作用。

5.5.4 推进器数量对 FPSO 动力定位控制的影响

推进器数量决定着 DP 系统的总推力,与其控制能力密切相关,故本节为探究不同数量推进器的控制能力差异,下设推进器数量为 4、5、6 这 3 种工况,推进器参数与上文相同,控制目标为水深的 6%,推进器均于 #2 缆失效时立刻开始工作,针对这 3 种工况,对 FPSO 的纵荡及张力响应进行计算和分析,结果如图 5-27 和表 5-16 所示。

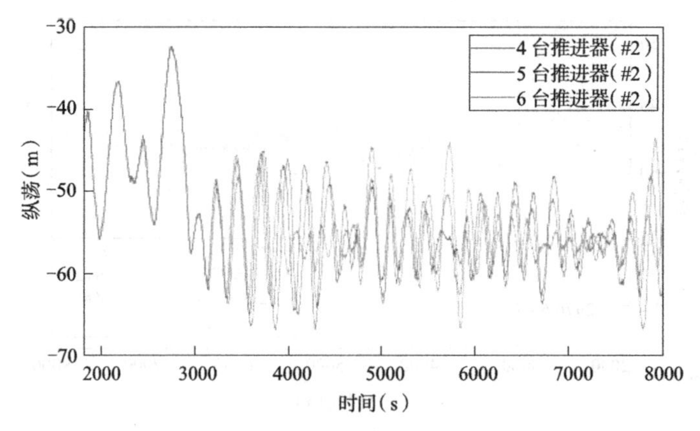

图 5-27 转塔纵荡时历曲线

表 5-16 转塔纵荡统计值

工况	均值(m)	标准差(m)	最大值(m)	最小值(m)
4 台推进器(#2)	55.93	4.57	66.84	43.39
5 台推进器(#2)	55.49	4.38	66.77	45.41
6 台推进器(#2)	55.46	3.95	66.66	43.93

分别对 #2 缆失效后,采用不同数量推进器进行控制后的 FPSO 的纵荡响应进行统计,通过结果可以看出,当推进器的总推力达到要求后, FPSO 纵荡响应对推进器数量的敏感性不高,不同工况下的响应差别较小,同时推进器数量越多,纵荡标准差越小,其控制效果越稳定。

本章部分图例

说明:为了方便读者直观地查看彩色图例,此处节选了书中的部分内容进行展示。页面左侧的页码,为您标注了对应内容在书中出现的位置。

参 考 文 献

[1] 杨春晖,董艳秋. 深海张力腿平台发展概况及其趋势[J]. 中国海洋平台，1997(6)：255-258,263.

[2] 刘海霞. 深海半潜式钻井平台的发展[J]. 船舶,2007(3):6-10.

[3] 李芬,邹早建. 浮式海洋结构物研究现状及发展趋势[J]. 武汉理工大学学报(交通科学与工程版),2003,27(5):682-686.

[4] Randall R E. Elements of ocean engineering[M]. Commonwealth of Virginia: Society of Naval Architects and Marine Engineers,2010.

[5] NEWMAN J N. The theory of ship motions[J]. Advances in applied mechanics, 1978, 18: 221-283.

[6] PINKSTER J A. Low frequency second order wave exciting forces on floating structures[J]. Mechanical maritime & materials engineering,1980:650.

[7] NEWMAN J N. The drift force and moment on ships in waves[J]. Journal of ship research, 1965,11(1):51-60.

[8] NEWNANJ N. Second-order, slowly-varying forces on vessels in irregular waves[J]. Marine vehicles,1974: 182-186.

[9] CUMMINS W E. The impulse response function and ship motions[J]. Schiffstechnik, 1962, 9:101-109.

[10] 唐友刚. 高等结构动力学[M]. 天津:天津大学出版社,2002.

[11] ANSYS, Inc. ANSYS Help[Z]. 2009.

[12] ANSYS, Inc. AQWA-LINE Manual[Z]. 2009.

[13] ANSYS, Inc. AQWA-DRIFT Manual[Z]. 2009.

[14] ANSYS, Inc. AQWA-NAUT Manual[Z]. 2009.

[15] ANSYS, Inc. AQWA-TETHER Manual[Z]. 2011.

[16] MARINTEK. SIMO-Theory Manual[Z]. 2009.

[17] DNV. SESAM User Manual - Sestra[Z]. 2010.

[18] DNV. SESAM User Manual - Wajac[Z]. 2010.

[19] DNV. SESAM User Manual - Xtract[Z]. 2010.

[20] MIT. WAMIT Theory Manual[Z]. 1995.

[21] WAMIT, Inc. WAMIT User Manual[Z]. 2013.

[22] CHAKRABARTI S. Handbook of offshore engineering (2-volume set)[M]. Amsterdam: Elsevier,2005.

[23] TAYLOR R E，JEFFERYS E R. Variability of hydrodynamic load predictions for a tension leg platform[J]. Ocean engineering,1986,13(5):449-490.

[24] API. Specification for line pipe：API specification 5 L[S]. Washington：American Petroleum Institute，2012.

[25] API. Recommended practice for planning，designing，and constructing tension leg platforms(API-RP-2T)[S]. Washington：American Petroleum Institute,1997.

[26] YU JX，HAO S，YU Y，et al. Mooring analysis for a whole TLP with TTRs under tendon one-time failure and progressive failure[J]. Ocean engineering,2019,182:360-385.

[27] FALTINSEN O M. Sea loads on ships and offshore structures[M]. New York：Cambridge University Press,1990.

[28] PETER OKOH. Maintenance grouping optimization for the management of risk in offshore riser system[J]. Process safety and environmental protection，2015,98(11):33-39.

[29] BAI Y. 海底管道与立管 [M]. 路民旭,译. 北京:石油工业出版社,2013.

[30] KURUP N V，SHI S，JIANG L，et al. Numerical modeling of internal waves within a coupled analysis framework and their influence on spar platforms[J]. Ocean systems engineering,2015,5(4):261-277.

[31] WANG X,ZHOU J F,WANG Z,et al. A numerical and experimental study of internal solitary wave loads on semi-submersible platforms[J]. Ocean engineering,2018,150:298-308.

[32] CHENG S，YU Y，LI Z，et al. The influence of internal solitary wave on semi-submersible platform system including mooring line failure[J]. Ocean engineering,2022,258:111604.

[33] 苗文举. 内波对深水浮式平台总体性能的影响分析[D]. 哈尔滨:哈尔滨工程大学,2011.